四川轻化工大学产学研合作专项基金（No:CXY2020R001）：基于宏观视角的五粮液核心区农业资源环境演变特征研究

五粮液核心区
生态环境遥感动态监测研究

赵良军著

U0209568

吉林大学出版社

图书在版编目（CIP）数据

五粮液核心区生态环境遥感动态监测研究 / 赵良军著. —— 长春 : 吉林大学
出版社, 2022.9
ISBN 978-7-5768-0640-3

Ⅰ.①五… Ⅱ.①赵… Ⅲ.①生态环境—环境监测—
研究—宜宾 Ⅳ.①X835

中国版本图书馆CIP数据核字（2022）第175575号

五粮液核心区生态环境遥感动态监测研究
WULIANGYE HEXINQU SHENGTAI HUANJING YAOGAN DONGTAI JIANCE YANJIU

作　　者　赵良军
策划编辑　吴亚杰
责任编辑　吴亚杰
责任校对　高珊珊
装帧设计　崔　威
出版发行　吉林大学出版社
社　　址　长春市人民大街4059号
邮政编码　130021
发行电话　0431-89580028/29/21
网　　址　http://www.jlup.com.cn
电子邮箱　jdcbs@jlu.edu.cn
印　　刷　北京众意鑫成科技有限公司
开　　本　787mm×1092mm　　1/16
印　　张　10
字　　数　130千字
版　　次　2022年9月　　第1版
印　　次　2023年1月　　第1次
书　　号　ISBN 978-7-5768-0640-3
定　　价　78.00元

目　录

第一章　绪　论 ·· 001

　　1.1　研究背景及意义 ··· 001

　　1.2　研究区概况 ·· 002

　　1.3　宜宾市生态环境相关研究现状 ····································· 009

　　1.4　本书研究目标及章节安排 ··· 012

第二章　酒粮与生态环境 ··· 013

　　2.1　酒粮与生态环境的概念 ·· 013

　　2.2　生态环境对酒粮的影响 ·· 014

　　2.3　酒粮的适生分布预测 ··· 015

　　2.4　环境因子对酒粮的影响分析 ·· 039

　　2.5　本章小结 ··· 041

第三章　核心区主要陆表因子及其特征分析 ······································· 042

　　3.1　核心区地表因子提取 ··· 042

　　3.2　地表水资源特征分析 ··· 050

　　3.3　核心区城镇变迁特征分析 ··· 061

　　3.4　核心区植被变化监测分析 ··· 078

　　3.5　本章小结 ··· 088

第四章　核心区生态环境质量评价 ·· 090

　　4.1　技术路线 ··· 090

　　4.2　评价指标选取与计算 ··· 090

4.3 生态环境质量评价模型构建 ……………………………… 108

4.4 核心区生态环境质量评价 …………………………………… 115

4.5 本章小结 …………………………………………………… 116

第五章 核心区生态环境质量变迁及趋势分析……………… 117

5.1 植被覆盖度变化趋势计算方法 ………………………… 117

5.2 核心区生态环境质量评价数据计算 ………………… 118

5.3 核心区生态环境质量变化趋势计算 ………………… 131

5.4 核心区生态环境质量变化趋势分析 ………………… 135

5.5 本章小结 …………………………………………………… 135

第六章 结 论………………………………………………… 137

6.1 酒粮与生态环境研究结论 ……………………………… 137

6.2 五粮液核心区地表因子特征分析结论 ……………… 138

6.3 五粮液核心区生态环境质量评价及趋势分析结论 ………… 138

6.4 五粮液核心区生态环境对白酒的影响分析 ………… 139

参考文献………………………………………………………… 141

附件一 研究区地表因子提取专题数据集……………… 142

附件二 水体信息专题数据集………………………………… 149

第一章 绪 论

1.1 研究背景及意义

中华上下五千年文化精神的形成和酒有着相当密切的关系："酒魂亦是诗魂"、酒文化亦是中华文化、"酒与艺术合则双美，离则两伤"[1]。当今，随着人民物质文化生活水平的提高，酒也愈来愈体现出极高的精神文化价值。

中国酒品繁多，而白酒为魁。其中，五粮液是浓香型白酒的典型代表，在中国白酒行业中有着举足轻重的地位。五粮液的酿造运用了600多年的古法技艺，集高粱、大米、糯米、小麦和玉米等原材料，在独特的自然环境下酿造而成，凭借"香气悠久、味道醇厚、入口甘美、入喉净爽、各味谐调、恰到好处、酒味全面"的独特风格得以闻名于世。

独特的自然环境孕育了五粮液优良的品质，同时，五粮液这一闻名遐迩的白酒铭牌，也深深地给其产区（四川宜宾）带来了极大的社会、经济效益，二者互相影响、相互促进。

五粮液白酒的核心区——宜宾，地处亚热带的低谷盆地，群山环绕、三江汇聚、气候湿润、雨水充沛，独一无二的地理条件造就了空气中的诸多微生物易于缓流、沉降、富集、繁殖的生态系统，为五粮液的优良品质奠定了基础。然而，随着时间的变化，地理特征、气候因素、水文条件的变迁对五粮液所处生态环境的影响，还需要进一步的科学研究。

由于五粮液核心区的生态环境研究涉及范围较大、层次较多、时间序列较长，所以，本文拟借助1986—2021年度跨时近40年的Landsat遥感卫星影像数据，从宏观视角结合遥感监测指数对五粮液核心区自然生态环境特征及其变迁过程进行详细分析和研究，研究结果将揭示五粮液核心区所处自然生态环境一系列重要指标特点及其变化过程，反映陆表生态环境在五粮液核心区所起的重要作用。

1.2 研究区概况

本书以五粮液核心区为研究区，该区域位于四川省宜宾市境内，中心坐标：北纬27°50′—29°16′，东经103°36′—105°20′，主要包括五粮液酒厂所在的宜宾市翠屏区及临近的叙州区（宜宾县）。

本章节主要从地理与行政区域分布、地形地貌、气候气象、土壤特征、植被特征以及河流分布等方面阐述研究区概况，为基于卫星遥感监测角度的研究区生态环境特征及历史变迁分析提供基础资料。

1.2.1 地理与行政区域分布

悠久的历史造就了"宜人宜宾"，而宜宾的由来就要从战国时期说起。在战国时代，宜宾市为僰人聚居之地，战国后期为秦所控，研究区所在地地处巴蜀通往"滇僰"的要冲，故名僰道县。北宋徽宗政和四年（1114年）僰道县改称宜宾县，戎州改称叙州，宜宾县从至元十八年（1281年）起属叙州路，明、清属叙州府。1949年12月11日宜宾解放，1951年6月19日由宜宾县析出城关区五个城镇及城周郊区正式建宜宾市（县级）。宜宾市初属川南行政公署宜宾专区，1952年9月属四川省宜宾专区，1968年4月属四川省宜宾地区革命委员会，1979年1月属四川省宜宾地区。1997年1月"撤地设市，撤市设区"后，由县级宜宾市改设的翠屏区属四川省宜宾市。

灿烂的文化成就了"当代宜宾"，地处金沙江、岷江、长江三江交汇处，是西南重镇，素有"万里长江第一城""中国白酒之都""赵一曼故里"之美誉，是中国早茶之乡、中国芽菜之乡、中国哪吒文化之乡、中国民族优秀建筑之乡、中国优秀旅游城市、国家历史文化名城、国家卫生城市、国家森林城市、全国绿色发展百强区、全国工业百强区、全国投资潜力百强区。宜宾市的行政区规划如图1-1所示。

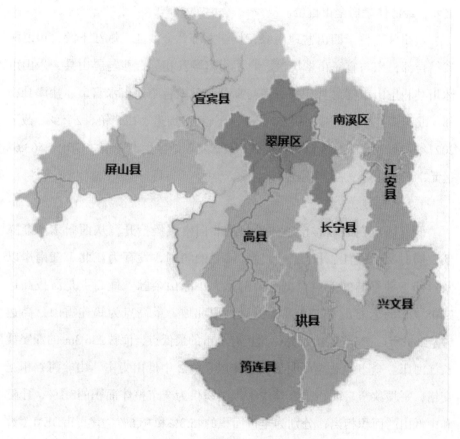

图1-1　宜宾市行政规划图

宜宾是长江首城，也是我国的沿江城市带区域中心城市，是四川培育壮大的七大区域中心城市之一、全国性综合交通枢纽、四川南向开放枢纽门户，市辖三区（翠屏区、叙州区、南溪区）七县（江安县、长宁县、高县、珙县、筠连县、兴文县、屏山县），其中翠屏区、叙州区（宜宾县）在本书研究区范围之内，而且上述两区也是宜宾市工业、经济、人口、城市化等方面影响最大的区域。

翠屏区：位于四川盆地南部，宜宾市中部偏北，是宜宾市政治、经济、文化中心，总面积1259km²，户籍人口88.31万人（截至2020年11月1日零时）。截至2021年，翠屏区下辖8个街道、12个镇，地区生产总值927.16亿元，经济体量居全市首位。

叙州区：位于四川盆地南缘，长江上游，金沙江、岷江下游，川滇两省结合部，东与宜宾市翠屏区、自贡市富顺县相邻，西与屏山县、乐山市沐川县和乐山市犍为县相邻，南与高县和云南省昭通市水富市、盐津县相邻，北与荣县相邻。总面积2570km²，下辖3个街道、12个镇、2个乡。截至2021年末，叙州区总人口为100.23万人，实现地区生产总值（GDP）563.62亿元，经济体量位居全市第二。

1.2.2　地形地貌

研究区所在的宜宾市整体地势从北向南缓慢抬升，从西向东渐渐降低，同时又受岷江、长江、金沙江河谷的切割，发育为江北、江南岸以及西部三种不同的地貌类型。西部是大小凉山余脉，最高点是海拔高达2008.7m的老君山；江南属于云贵高原北坡，最高点为筠连雪山，高达1777.2m；江北是华蓥山余脉，这里有全市的最低点，海拔236.3m的江安县长江河床。全市盆地地形明显，整体以丘陵、中低山为主，山岭河谷相互交错，平坝狭窄、面积小，其中平坝面积仅为全市整体面积的8.1%，丘陵和中低山的面积相当，分别为全市面积的45.3%和46.6%。宜宾市DEM（数字高程模型）如图1-2所示。

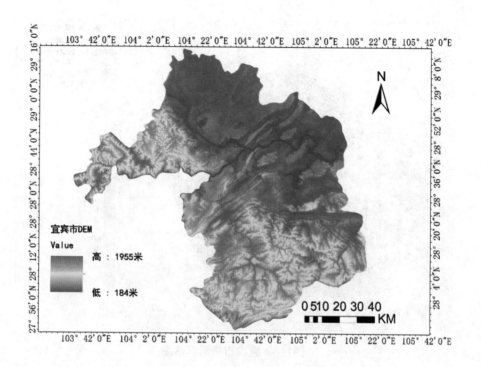

图1-2 宜宾市DEM

1.2.3 气候气象

　　研究区所在的宜宾市整体气候属于中亚热带湿润季风气候，但是受地形影响，三江河谷地带以及一些低丘地区则属于南亚热带气候。受周围高山地貌单元对气流阻隔作用以及内部局部地貌影响，整体气候温润，降水充沛，四季分明。全市年平均气温18℃左右，年平均降水达1050~1618mm，为典型的湿润地区，而且雨季集中在夏秋两季，这两季降水量占全年降水量的81.7%，主汛期则主要是每年的7、8、9月，这三个月的降水量约占全年降水量的51%。除此之外，宜宾市局部还有山地气候垂直变化特点。通常采用气温雷达回波图来表示降雨强度、雨区范围、未来降雨强度和移动趋势，例如，宜宾市2021年4月16日气温特征如图1-3所示。

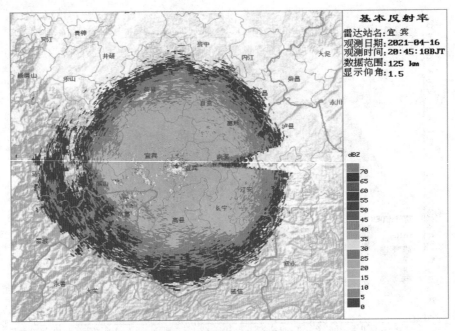

图1-3　宜宾市气温雷达图

　　图1-3中，图像上每个像素点代表了1km*1度波束体积内云雨目标物的后向散射能量，以基本反射率（单位为dBZ）来表示。基本反射率表示单位体积中降水粒子直径6次方的总和（单位：$6mm/m^3$），它的值反映了气象目标内部降水粒子的尺度和密度分布，用来表示气象目标的强度。从图1-3可以看出，宜宾市大部分区域当天气温处于15~20℃。

1.2.4　土壤特征

　　研究区所在的宜宾市整体土壤总面积占全区土地总面积的80.5%，其中土壤类型有冲积土（FLUVISOLS）、雏形土（CAMBISOLS）、低活性淋溶土（LIXISOLS）、高活性淋溶土（LUVISOLS）、高活性强酸土（ALISOLS）、疏松岩性土（REGOSOLS）、人为土（ANTHROSOLS）7大类，其各自的分布如图1-4所示。土壤内有机质、全氮、全钾和缓效钾含量适中，碱解氮含量丰富，但速效钾、全磷和有效磷含量较少。在土壤各成分含量分布上，有机质含量总体表现为东南高、中部和北部偏低；全氮和碱解氮含量由西北、东南向中部区域逐渐减少；全磷含量呈南高北低的趋势，有效磷含量分布呈斑块状分布；缓效钾含量分布表现为由中部向西北和东南部逐渐减少；速效钾含量分布表现为西高东低，而全钾则与之相反。如图1-4所示。

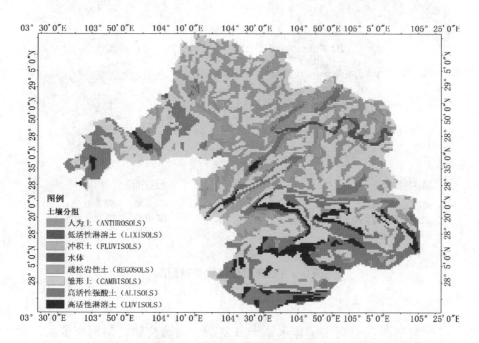

图1-4　宜宾市土壤类型分布图

1.2.5　植被特征

研究区所在的宜宾市的植被以亚热带次生性常绿阔叶林为主，竹林等其他植被丰富多样。自2000年开始实行第一轮退耕还林工程以来，宜宾市境内森林覆盖率稳步增加，2015年底全市森林覆盖率达44.08%，生态环境不断优化，生态建设成效明显。西北和东南方向植被覆盖度较高，城区以及工厂主要分布在中部区域，人类活动轨迹频繁，导致中部地区植被覆盖度偏低。宜宾市整体植被特征如图1-5所示。

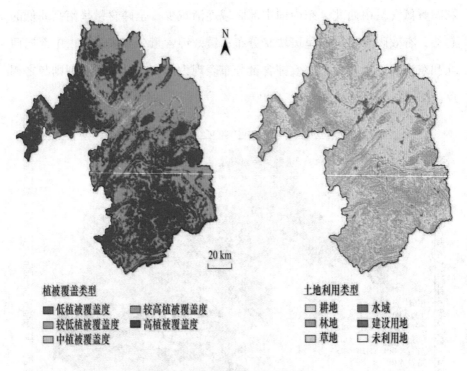

植被覆盖类型
■ 低植被覆盖度　■ 较高植被覆盖度
■ 较低植被覆盖度　■ 高植被覆盖度
■ 中植被覆盖度

土地利用类型
□ 耕地　　■ 水域
■ 林地　　■ 建设用地
■ 草地　　□ 未利用地

图1-5　宜宾市整体植被特征图

1.2.6　河流水系

　　研究区所在宜宾市整体水系十分复杂、河流交错，河网密度大，大小河流众多，水资源总量和水能资源较为丰富。宜宾市河流主要是以长江为主，岷江、金沙江在宜宾汇流成为长江，宜宾市共有大小支干流共600多条，其中流量较大的河流有长江、金沙江、岷江、文星河、萃河等。宜宾内很多支流都是从长江、金沙江以及岷江分支出来的，主要呈南多而北少的河流分布。南边的支流因为大多发源地是高山峻岭，所以形成很多河滩、水流十分湍急，而北边的支流不仅仅发源地位于丘陵，而且大多数还流经丘陵，因此这些支流的水势都较为平缓，两边河岸比较开阔。宜宾市河流区域分布如图1-6所示，从图中可以明显看出中部区域两江交汇，河流水域面积大，四周分支河流分布密集但是流量和面积较小。

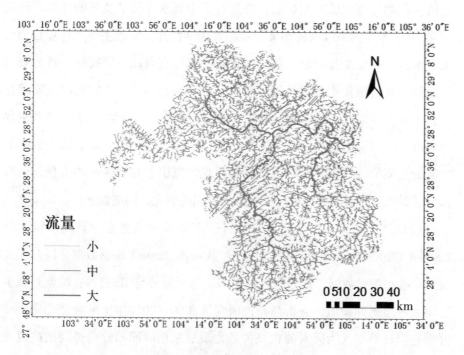

图1-6 宜宾市河流水系分布图

综上所述，研究区所在的宜宾市自然地理条件优越、气候温暖潮湿、植被分布密度较大、河流水系发达，素有"宜人宜宾"之美称，是国家级文明城市，为五粮液白酒的酿造铸就了得天独厚的优势。而且，宜宾市近10年发展迅猛，总体经济体量跃居四川省前三甲，成立了三江新区，新建了宜宾大学城、科技创新城等大型综合体。城市的发展不可避免地会影响生态环境，本书拟从卫星遥感的角度来分析陆表因子的历史变迁对区域生态环境的影响，最终得出结论，评价五粮液白酒所处的生态环境。

1.3 宜宾市生态环境相关研究现状

早在2008年，有学者选择了三江水系（宜宾段）6个控制断面，分年度按水期或自然月的采样方式进行了23个理化指标的分析，得到2001—2005

连续五年的完整水质监测数据，并进行了主要水质污染负荷的计算，研究表明：1）水质污染以有机污染为主，其中金沙江宜宾段主要超标项目为粪大肠菌群、高锰酸盐指数、总氮、总磷；岷江宜宾段主要超标项目为粪大肠菌群、高锰酸盐指数、总氮、总磷、石油类和铅；长江宜宾段主要超标项目为粪大肠菌群、高锰酸盐指数、总氮、总磷、石油类；2）污染源主要为城市生活污水和化工企业、电子元器件类工厂废水[2]。因此，作为五粮液白酒的发源地——宜宾市的生态环境质量足以引起社会各界的重视，已有部分学者以宜宾为研究区进行了生态环境相关研究，归纳如下：

以长江干流宜宾段，包括翠屏区、南溪区和高县作为研究区域，以Landsat TM/ETM+、DEM、坡度、坡向、Google Earth等遥感数据，以及相关统计年鉴和矢量数据等作为研究数据源，基于遥感与GIS技术，结合景观生态学和数理统计知识，分析与评价研究区2000—2010年植被覆盖变化，并分析它与自然、人为因素的相关关系，最后利用岭回归分析得到植被覆盖度模拟估算模型，并预测了研究区2020年各植被覆盖度面积比例，研究结果表明：（1）2000—2010年年均NDVI值的变化基本情况为：2000—2003年为下降，2003—2010年逐渐上升，整体趋势为增加；NDVI均值主要在0.28～0.4之间波动变化，反应研究区植被覆盖整体大致分布较好；（2）由NDVI变化趋势（Slope）分析表明，全区中度改善分布比较广泛，近11年来研究区植被整体覆盖变化改善与退化同时存在，但改善区域（包括轻度改善、中度改善和显著改善）面积占区域面积约71.52%，而退化区域（包括轻度退化、中度退化和严重退化）面积占区域面积约17.2%，说明近11年来长江干流宜宾地区植被覆盖整体有所改善；（3）2000—2010年各植被覆盖等级变化中，高值植被覆盖区面积增加趋势最明显；（4）虽然人均各植被覆盖等级的面积与各植被覆盖面积的趋势一致，但人均NDVI>0.35的面积趋势为下降；（5）在相关因素分析中，NDVI均值与MNDWI、地表亮温呈显著的负相关关系，与有效灌溉面积、城镇绿化面积呈显著正相关关系，此外，通过岭回归分析得到NDVI均值与年均气温、地表亮温均值、人口、城镇绿化面积、有效灌溉面积和镇区面积的有效显著线性关系模型[3]。

利用宜宾市2005—2011年MOD13A21KM植被指数16天合成数据，采用二分法计算植被覆盖度分析宜宾市植被覆盖情况，研究结果表明：2005—2011年研究区植被覆盖度总体呈上升趋势，但在2008年后有了较明显的下降，随后又逐渐增加；宜宾市的绿化面积总体上在增长，环境状况比较良好[4]。

利用宜宾市第一次全国地理国情普查成果（包括2013年、2014年、2015年正射影像、地表覆盖数据、地理国情要素数据等），提取地表覆盖信息，得到宜宾市全域各种土地利用类型的空间分布，利用一种反映区域生态环境的整体状态生态环境状况的综合指数（生态环境状况指数，EI）评价研究区，研究结果表明：宜宾市各区县的生态环境状况指数均达到"良"，整体均呈现出较为良好的态势；但是，构成生态环境状况的各具体组成成分，在宜宾市各区县依旧表现出较大的差异性，其中人为建设活动不同而引起的变化较大[5]。

以MODIS MOD 13Q1为数据源，采用Sen+Manna-Kendall非参数检验方法和Hurst指数模型，选取长江上游地区生态环境相对脆弱的宜宾市为典型研究区，分析16年来NDVI所表征的植被生长动态变化规律，结果表明：（1）2000—2015年宜宾市植被覆盖整体状况良好，自北向南逐渐优化，多年平均NDVI大于0.6的区域占52.06%；（2）2000—2015年间宜宾市植被生长以正向演进为主，演进过程和已有生态建设工程成效研究结论相符，生态环境不断优化；（3）宜宾市NDVI主要受一系列地表差异，包括海拔、年均温、土地利用类型、人口密度所决定，其因子解释力均超过25%，自然环境因素与人类活动共同作用对NDVI的影响更加显著[6]。

上述文献主要对植被覆盖度因子进行了宜宾市的生态环境质量分析与评价，时间跨度趋短，也没有系统的阐述与五粮液品质相关的水体、植被、气温、建筑物等陆表特征因子对研究区的生态影响及历史变迁趋势。

1.4 本书研究目标及章节安排

针对目前五粮液核心区生态环境研究现状，本书首先介绍五粮液核心区生态环境概况，分析现有五粮液核心区生态环境研究基础，在此基础上对五粮液核心区生态环境与酒粮的关系进行分析；同时，从湿度、地表温度、绿度、干度四个维度对核心区进行分析，挖掘影响该区域的主要生态环境影响因子及其变迁过程，最终构建核心区生态环境质量评估模型，实现研究区生态环境质量评估并分析其变迁趋势，为五粮液核心区生态环境监测提供信息支撑，具体章节安排如下：

第一章绪论，介绍本文的研究背景，并从地理分布、地形地貌、气候、土壤、植被、河流水系等方面介绍五粮液核心区的总体概况。

第二章酒粮与生态环境，以研究区的酒粮为对象，基于MaxEnt模型对高粱、小麦、玉米、水稻（包括大米、糯米）五种酒粮进行适生分布研究，解读过去、现在、将来三个不同阶段酒粮对生态环境的依赖关系，分析生态环境对酒粮适生分布的影响及其变化规律。

第三章核心区主要生态影响因子及其特征分析，从影响生态环境的陆表因子入手，从水体、城镇扩展、植被变化三个维度对核心区陆表主要影响因子进行监测并分析其特征和发展趋势。

第四章核心区生态环境质量评估，综合湿度、热度、绿度、干度因子，构建核心区生态环境质量评估模型，对核心区近30年来的生态环境质量进行分析研究。

第五章核心区生态环境质量变迁趋势分析，介绍了生态环境变迁分析方法，构建核心区生态环境质量变迁趋势分析指标体系，构建适合对五粮液核心区生态环境变迁趋势进行具体分析的模型。

第六章核心区生态环境变迁对白酒产业的影响，汇总全书结论，针对本书研究，进行总结，并提出建议对策。

第二章　酒粮与生态环境

2.1　酒粮与生态环境的概念

2.1.1　酒粮

"酒粮"即酿酒的粮食，是"酒之肉"，一般为谷物类、薯类等富含淀粉质的粮食原料。谷物类包括水稻、高粱、小麦、大麦、玉米、青稞等。大米是酿造米酒的主要原材料，品种主要有籼米、粳米和糯米等。高粱是酿造蒸馏酒的原料之一，酿造高粱酒的高粱品种有粳高粱和糯高粱。青稞是青藏高原独有的谷物类粮食，是藏区居民的主要粮食，也是著名的酿造青稞酒的原材料。

除了谷物类粮食做为酒粮外，薯类作物也是一种非常不错的选择。薯类一般是指淀粉含量很高的作物，例如马铃薯、甘薯等。薯类是生产酒精的绝佳原材料，因为酿造出来的酒精度数高，烈性大，所以一般不能用来作为饮料酒。但随着酿酒工艺的提升和饮料酒市场的开拓，现在薯类酒在饮料酒市场也受到了很大的欢迎，例如伏特加等，这也给整个薯类酒带来了新的市场和前景。

2.1.2　生态环境

生态是指生物（原核生物、原生生物、动物、真菌、植物等五大类）之间和生物与周围环境之间的相互联系、相互作用。当代环境概念泛指地理环境，是围绕人类的自然现象总体，可分为自然环境、经济环境和社会文化环境。当代环境科学是研究环境及其与人类的相互关系的综合性科学。生态与环境虽然是两个相对独立的概念，但两者又紧密联系、"水乳交融"、相互交织，因而出现了"生态环境"这个新概念。

生态环境（Ecological Environment），即是"由生态关系组成的环境"的简称，是指与人类密切相关的，影响人类生活和生产活动的各种自然（包括人工干预下形成的第二自然）力量（物质和能量）或作用的总和。生态环境包括影响人类生存与发展的水资源、土地资源、生物资源以及气候资源等，是关系到社会和经济持续发展的复合生态系统。

生态环境与自然环境在含义上十分相近，有时人们将其混用，但严格说来，生态环境并不等同于自然环境。自然环境的外延比较广，各种天然因素的总体都可以说是自然环境，但只有具有一定生态关系构成的系统整体才能称为生态环境，仅有非生物因素组成的整体，虽然可以称为自然环境，但并不能叫做生态环境。

2.2 生态环境对酒粮的影响

以宜宾为例，该区域属亚热带湿润季风气候，具有亚热带气候的属性，气候温和，雨量充沛，夏季湿热，整体空气温润，湿度适中，日照时间较短，非常适宜高粱、糯米、稻米、玉米、小麦等酒粮作物的生长，是发展白酒优质原料基地的最适宜区之一。同时，宜宾的生态气候环境使得所产的高粱、糯米等原料淀粉含量高、单宁含量适中、品质优、出酒率高，特别是盛产皮薄、营养丰富、易于糊化的、有"川南红粮"之美誉的宜宾糯红高粱，为五粮液等白酒的酿造提供了丰富的原材料。

五粮液白酒即是在此得天独厚的地理、气候条件下，精选优质高粱、大米、糯米、小麦和玉米物种原材料，运用拥有600多年历史的古典技艺酿制，终成名酒。

因此，研究生态环境对酒粮的生长过程的影响，对于保持五粮液酒品品质具有重要意义。

2.3 酒粮的适生分布预测

生态环境是酒粮赖以生存的"温床",水稻、高粱、玉米等酒粮所处的生态环境并不是一成不变的,而是易受全球气候(大气候)、局部环境(小气候)、人类活动、工农业开发、地表水资源等影响,因此,外部环境的影响对酒粮的生产有重要作用。

以气候为例,气候是调节植物增长和发展的最重要因素,气候变化严重影响作物生长。据政府间气候变化专门委员会(IPCC)估计,从1990年到2100年,地球的温度上升了1.4℃,预计中高纬度地区和热带地区的降水量将分别增加1.0%和0.3%(IPCC,2014)。这些气候变化将极大地改变物种的物候、生物多样性、潜在分布范围和栖息地,并导致外来物种入侵和生长期延长。特别是由于温度上升,物种生存的条件将发生相应的变化。在此背景下,如何有效评估高粱、水稻、糯稻、小麦和玉米等作物的适生状况,为今后的酿酒产业提供数据支撑迫在眉睫。

酒粮的适生评估研究就是要对酒粮的区域环境适应性进行合理地分析,科学预测酒粮的生态适宜区,以此找出酒粮种群发展过程中的限制性环境因素,科学指导酒粮种群的适宜发展区域。目前针对五粮液酿酒工艺方面的研究颇多,但至今为止,对五粮液酒粮在其在较大空间尺度上适生研究,如系统的种群分布规律、种群生态状况却鲜有报道。

因此,进行五种酒粮(高粱、水稻、糯稻、小麦、玉米)的适生状况研究,预测结果将可以帮助理解酒粮的生存现状和胁迫因素,从而对当前和未来酒粮的生存状况和适生区域研究提供理论支撑。

2.3.1 基于MaxEnt模型的高粱适生分布预测

(1)评估模型(MaxEnt)介绍

高粱酒作为我国的独有白酒,极具特色,历史悠久,声名远扬。高粱富含大量淀粉以及少量蛋白质,作为中国诸多名酒的原材料,为中国白酒而生。其中比较著名的以红高粱为主要原料的中国白酒有以下几种：茅台、五粮液、泸州老窖、汾酒。

气候条件是影响植物地理分布的重要条件之一。进入21世纪以来，随着人类文明的不断进步以及发展，温室气体的排放量逐年递增，随之引发全球气候越来越暖，物种生存的条件随之发生相应的变化，各种生态位模型应运而生，基于物种分布数据研究预测物种分布变化区越来越成为人们关注的热点。近些年来，不少学者基于物种分布模型（Species distribution model，SDM），利用气候变化条件，预测并研究物种潜在分布区的变化趋势。利用物种分布模型结合气候变化以及生态位模型，对生态稳定性较高的区域进行预测，从而展示出物种适宜发展变化的客观规律，对物种的适宜分布具有一定的保护意义，对加强热点地区植物多样性的管理具有重要的理论和实际意义。

近年来，随着对气候发展变化下物种适生方面的研究越来越广泛，基于统计算法及生态位的物种分布模型的发展迅速，目前已有的模型有几十种，综合适用范围、精确度以及算法优化等方面评估，最大熵模型（MaxEnt）获得众多研究者的好评，该模型被广泛应用于物种分布预测，它能用较少的样本点预测出准确度较高的预测结果。

目前基于MaxEnt模型的具体研究案例较多。例如，王茹琳采用MaxEnt生态位模型预测西藏飞蝗的分布区，其中主要结合23个气候指标数据以及地形因子，结果表明西藏飞蝗分布在中国适生程度高的区域范围，并分析研究影响西藏飞蝗的主要环境变量；李丽鹤等采用MaxEnt模型，综合多种影响因子，确立加拿大一枝黄花重点监控区；熊巧利等结合中国植被类型图和气候环境变量数据，采用最大熵模型模拟不同气候情景下的分布格局，分析西南地区高山植被地理分布适宜区；朱梦婕等采用最大熵模型结合当前气候情景模式以及狸尾豆属（Uraria）植物地理分布记录，对植物当前适生分布的气候因子进行分析，推断其在过去

（LGM）、当前和未来气候情景下的适生分布潜在范围；曹雪萍等对青海云杉在20世纪50年代和20世纪80年代的适生分布和适生等级进行了预测；王书越等应用最大熵模型和地理信息系统（Geographic Information System，GIS）评估刺五加的地理分布，研究并分析影响刺五加地理分布的主要环境因子。

高粱作为五粮液五种酒粮之一，是传统的谷类作物，禾本科高粱属一年生草本，有食用及药用多重功效，其主要产地集中在东北地区、内蒙古东部以及西南地区丘陵山地。由高粱在中国区域的历史调查分布范围可知，中国种植的高粱跨越了寒温带、温带、暖温带、亚热带和热带5个气候区。中国地大物博，地形复杂，跨越亚热带和北温带，气候各异。本书将根据一定的物种分布记录和相关的环境变量，选用MaxEnt生态位建模，对高粱在全国范围内的适生分布进行预测。

（2）基于MaxEnt模型的高粱适生建模

1）预测标本数据

通过查阅文献和标本资料来获取高粱的分布位点，本次研究由中国植物标本馆（CVH，http：//www.cvh.ac.cn）以及国家标本平台（NSII，www.nsii.org.Cn）中记录的数据选用高粱样本点数据。选择数据时去除年份过早的标本，并尽量选择记录清晰的样本点。由于一些数据记载的是大致位置没有具体的经纬度信息，属于面数据，通过ArcGis结合百度地图拾取这些面数据的中心经纬度信息，最终获得128个样本点。此次获取的样本点主要位于105℃~130℃，20℃~50℃。

2）预测环境数据

气候因子作为生物分布预测中重要的环境变量以及建模参照，被广泛地应用于生物分布预测当中，本研究共选取与高粱分布相关的22个预测环境因子，其中19个气候因子主要代表温度与降水以及季节变化特征，另外三个是地形因子，包含海拔、坡度、坡向。WorldClim气候数据集（1.4版）为目前公开可获得的最高分辨率的气候数据，本次研究从WorldClim官网获取当前（2000年份）19个气候因子数据、以及不同排放情景下的未来气候因子数据（20世50年代和20世70年代），分辨率约1km。地形数据从国家地理空间数据云SRTM数据集（4.1版）中下载，分辨率为30m，利用ArcGIS10.8.1软件中的3D Analyst工具提取出海拔、坡度、坡向三个地形因子。

利用ArcGIS10.8.1将22个环境因子栅格数据分别处理转化格式，统一到相同坐标系、相同范围、1km×1km分辨率下。各环境因子之间具有一定的相关性。在相关性分析中，相关系数是描述现行关系程度和方向的量，用r表示。一般r的绝对值大于0.95代表存在相关性显著，r的绝对值大于0.80为高度相关。相关性强的环境因子极有可能出现过度拟合的情况，会使ROC曲线的AUC值在预测时增高，因此要对环境变量进行相关性分析和筛选。

根据本文研究情况，通过SPSS软件对22个环境变量进行Pearson相关性分析，计算变量之间的相关系数矩阵，去除显著相关的变量组中生物意义小的变量，确立独立且生物意义较大的环境变量。最终确定12个气候因子，分别为bio2昼夜温差月均值、bio3昼夜温差与年温差比值、bio4温度季节变化标准差、bio5最热月份最高温、bio6最冷月份最低温、bio9最干季度平均温度、bio13最湿月份雨量、bio14最干月份雨量、bio15雨量变化方差、bio16最湿季度雨量、bio18最暖季度平均雨量、bio19最冷季度平均雨量，用于建立模型。

表2-1 生物气候变量相关矩阵

	bio_1	bio_2	bio_3	bio_4	bio_5	bio_6	bio_7	bio_8	bio_9	bio_10	bio_11	bio_12	bio_13	bio_14	bio_15	bio_16	bio_17	bio_18	bio_19
bio_1	1																		
bio_2	-0.867	1																	
bio_3	0.758**	-0.729**	1																
bio_4	-0.295	0.135	0.317*	1															
bio_5	0.948**	-0.794**	0.715**	-0.406**	1														
bio_6	-0.308*	0.695**	-0.354**	-0.291**	-0.142	1													
bio_7	-0.938**	0.962**	-0.839**	0.129	-0.906**	0.520**	1												
bio_8	0.955**	-0.837**	0.825**	-0.258*	0.982**	-0.215*	-0.946**	1											
bio_9	-0.293*	0.676**	-0.302*	-0.008	-0.245*	0.757**	0.523**	-0.311**	1										
bio_10	-0.933**	0.963**	-0.770**	0.195*	-0.881**	0.536**	0.976**	-0.912**	0.552**	1									
bio_11	-0.496**	0.839**	-0.521**	-0.197	-0.341**	0.957**	0.692**	-0.428**	0.820**	0.707**	1								
bio_12	-0.943**	0.972**	-0.771**	0.233*	-0.915**	0.518**	0.992**	-0.938**	0.542**	0.983**	0.692**	1							
bio_13	-0.884**	0.777**	-0.790**	0.038	-0.771**	0.349**	0.833**	-0.821**	0.244*	0.830**	0.513**	0.816**	1						
bio_14	-0.677**	0.658**	-0.459**	0.305*	-0.609**	0.257*	0.640**	-0.634**	0.380**	0.664**	0.439**	0.665**	0.799**	1					
bio_15	-0.679**	0.605**	-0.664**	-0.218	-0.464**	0.440**	0.622**	-0.544**	0.161	0.666**	0.536**	0.591**	0.822**	0.521**	1				
bio_16	0.675**	-0.544**	0.751**	0.287*	0.538**	-0.327**	-0.637**	0.604**	-0.063	-0.618**	-0.407**	-0.583**	-0.700**	-0.191	-0.802**	1			
bio_17	-0.804**	0.716**	-0.607**	0.259*	-0.732**	0.240*	0.742**	-0.758**	0.283*	0.747**	0.427**	0.753**	0.908**	0.959**	0.621**	-0.373**	1		
bio_18	-0.668**	0.599**	-0.634**	-0.199	-0.445**	0.447**	0.605**	-0.522**	0.150	0.654**	0.541**	0.579**	0.817**	0.527**	0.992**	-0.789**	0.622**	1	
bio_19	-0.752**	0.682**	-0.573**	0.315*	-0.730**	0.171	0.714**	-0.752**	0.360**	0.713**	0.376**	0.728**	0.830**	0.943**	0.474**	-0.270**	0.962**	0.471**	1

本研究采用中等温室气体排放情景（RCP4.5）和最高温室气体排放情景（RCP8.5）这两种温室气体排放情景对高粱在未来气候情景下的分布进行建模。RCP（Representative Concentration Pathways）作为新气候变化情景，含有4种情景（RCP2.6、RCP4.5、RCP6.0、RCP8.5），以20世纪末辐射强度大小命名。SRES（Special Report on Emissions Scenarios，SRES）作为过去人们研究采用的气候情景，与RCPs情景相比，更加注重未来温室气体排放的变化，并且将温室气体排放结合气候变化，对未来气候变化的预测具有更强的科学性和准确性。

本次研究选用20世纪50年代和20世纪70年代年份的未来气候情景。其中20世纪50年代和20世纪70年代相应的19个气候因子分别是2041—2060年二十年间的气候因子数据平均值和2061—2080年的平均值。在RCP4.5情景下，20世纪50年代研究区内的年平均温度分别比基准年升高了2.71℃，年降水量增加了61.82mm。20世纪70年代研究区内的年平均温度比基准年升高了3.09℃，年降水量增加78.78mm。RCP8.5情景下，20世纪50年代研究区内的年平均温度比基准年升高了3.55℃，年降水量增加了70.41mm。20世纪70年代研究区内的年平均温度比基准年升高5.52℃，年降水量增加84.58mm。

3）研究结果

当代气候条件下高粱主要分布在北纬22°—44°，东经103°—125°，以上适宜分布区与实际高粱标本点分布吻合。物种存在概率栅格图显示高粱适宜生境分布面积为229.677413（单位：Decimal Degrees），在当前气候情景模式下的高粱适生分布结果显示，我国约40%的地区都适合高粱的生长，适生面积较大，其中白酒金三角（宜宾、贵州、泸州）所在区域均为高适生区。为进一步分析潜在生境的适宜度，将高粱的适宜生境分为最适宜生境（概率>0.5）和中适宜生境（0.32<概率<0.5）。其中高适宜区主要分布在我国西南地区、华中地区、华东地区。西起四川省中部向东覆盖重庆市，湖南省、安徽省、江苏省、山东省，贵州省、河北省、浙江省、河南省、湖北省也有大

面积存在。一般适生区与高适生区相比分布较为连续，自高适生区分布向南北蔓延，覆盖了我国西南地区东部、华南、华中、华东地区，以及少部分华北地区。陕西省、山西省、河北省、辽宁省、广西壮族自治区、广东省、江西省和福建省均位于一般适宜区分布范围内。

4）基于MaxEnt模型的高粱分布预测

利用ArcGIS10.8.1软件将四种气候模式下的适生结果进行重分类，并分别将四种气候模式下的结果与当前适生结果进行叠加制图，得出四种气候情境下的适生变化图（图2-1）。由图2-1可知，相较当前气候模式下的适生分布区域，未来气候情境模式下的适生变化图更加明显地显现出高粱的适生区面积较大幅度的增加，且呈现向北扩张的特点。大部分适宜区保持不变，少部分适宜区丧失，丧失区零星分布在华南地区，适宜区总体呈现扩增趋势。

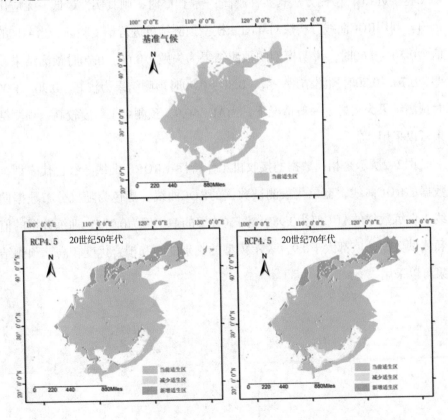

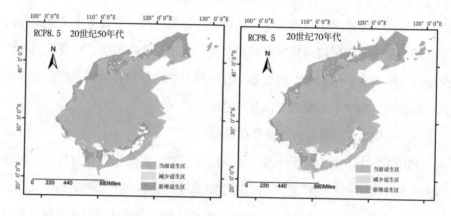

图2-1　中全新世至2050年分布预测变化图

5）模型预测精度分析

AUC（Area Under Curve）被定义为ROC曲线下与坐标轴围成的面积，AUC越接近1.0，检测方法真实性越高；等于0.5时，则真实性最低，无应用价值。利用ROC曲线分析法对MaxEnt模型预测结果进行精度验证，当AUC的值为0.50～0.60时，说明模型的预测结果为失败，0.60～0.70时预测结果较差，0.70～0.80时预测结果一般，0.80～0.90时预测结果为较好，0.90～1.00时预测结果为很好。一般情况下，当AUC>0.9，预测结果精度较高，预测结果可以采用。

图2-2所示是相同数据的接收机工作特性（ROC）曲线。红色代表训练数据的ROC曲线，蓝色代表测试数据的ROC曲线，黑色为随机分布数据曲线。训练数据的AUC值为0.989，测试数据的AUC值为0.977，训练数据的值和测试数据的值都大于0.9，表示模型的判别能力和拟合优度较高，预测结果可以采用。

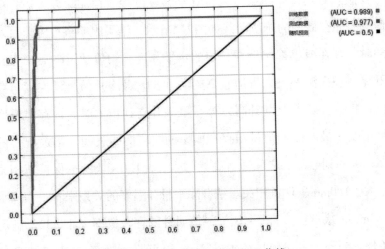

图2-2　高粱潜在分布区ROC曲线

6）影响高粱的适生因子分析

刀切法检验结果表明，bio2（昼夜温差月均值）、bio6（最冷月份最低温）、bio13（最湿月份雨量）、bio14（最干月份雨量）在受试变量中增益突出。如图2-3所示。

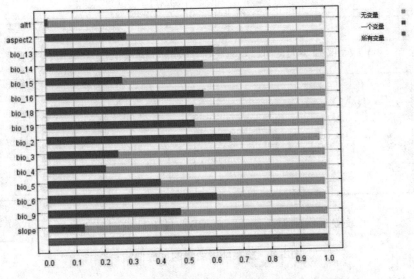

图2-3　刀切法检验环境变量对高粱分布影响的重要性

昼夜温差月均值是指某月的每日气温昼夜差值相加除以天数，昼夜温差月均值与存在概率的响应曲线如图2-4所示，结果表明昼夜温差月均值在小于69时，存在概率都保持在一定的水平高度，均值超过69后，存在概率急剧下降，昼夜温差过大不适宜高粱的生长。最冷月份最低温度与存在概率保持正相关，随着温度升高，存在概率升高到17℃时，该存在概率最大且保持不变。最湿月份雨量与存在概率的响应曲线表明，当最湿月份的降水量在130mm到410mm之间适宜高粱的生长，130~180mm保持正相关，当降水量大于180mm呈现负相关。结合降水量和温度的关系来看，当降水量不高于180mm，最低温度高于-10℃，该属种的存在概率大于0.32，满足最低适生条件。当最干月份雨量在10~52mm之间时属种的存在概率大于0.5，适生概率高。如图2-4所示。

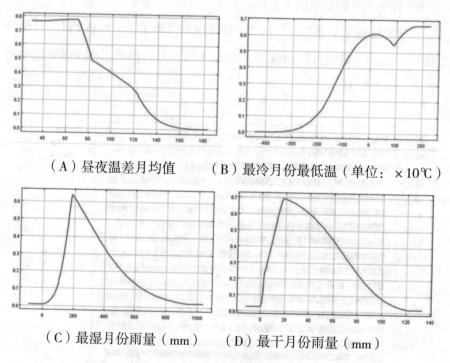

（A）昼夜温差月均值　　（B）最冷月份最低温（单位：×10℃）

（C）最湿月份雨量（mm）　　（D）最干月份雨量（mm）

图2-4　重要环境变量的反应曲线

按照输出结果中变量的贡献率和重要性将12个环境变量的贡献率从

大到小排序，其中排名前四的是最湿月份雨量、最干月份雨量、昼夜温差与年温差比值以及最冷月份最低温，此四个环境变量对模型的贡献率高达86.2%，分别占比29.5%、27.5%、15%、14.2%。降水量对模型的贡献率高于温度相关变量，贡献率小于1%的环境因子分别是海拔0.8%、bio5最热月份最高温0.8%、Slope坡度0.8%、bio15雨量变化方差0.5%、坡向0.3%，由此可见温度和湿度对高粱适宜区分布影响的重要性远远大于地形因子对适生区的影响。

利用ArcGIS10.8对未来高粱适宜生境按照（存在概率>0.32）标准进行等级划分，统计适宜区面积的变化和所占比例，如表2-2显示，气候变化对高粱生境分布产生极大影响。通过对比不同阶段和不同排放情景下高粱适生区的面积变化，得出高粱生境面积整体呈现上升趋势。

表2-2　不同气候情景下高粱面积变化（单位：Decimal Degrees）

气候情景	对比时期	增加生境	减少生境	总生境增长
RCP4.5	当前—20世纪50年代	29.436698	2.469239	26.967459
RCP4.5	当前—20世纪70年代	34.50024	6.390336	28.109904
RCP8.5	当前—20世纪50年代	47.807343	1.705689	46.101654
RCP8.5	当前—20世纪70年代	61.012129	4.018414	58.993715

未来气候模式下的适生区域与当前适生区域对比可知，未来两种气候情境下高粱的适生区域明显增大，且在高浓度的排放情景下面积增加更为明显，而减少的适生面积寥寥，总面积呈现显著增加的趋势。新增区域在未来的相同排放情景下，不同预测时间段内的范围差异较小。相比当代，在20世纪70年代RCP8.5的排放情景下新增率最为明显，达到26.56%，大部分新增区域向北方蔓延，华南地区也有小部分新增区域。在RCP4.5情境下，高粱总适宜生境面积在20世纪50年代和20世纪70年代阶段分别增加12.82%和15%，在RCP8.5情境下，高粱总适宜生境面积在20世纪50年代和20世纪70年代阶段分别增加20.8%和26.56%，高粱总适生面积增加幅度明显高于RCP4.5情境。

未来随着全球气候的变暖，高粱的适生格局发生显著的变化，适生面积明显增加。在本次研究中环境数据作为影响高粱适生分布的重要因素，温度、湿度、地形数据均对高粱地理分布有一定的影响。贡献率和重要性的排序表明干湿月份雨量较为重要，而刀切法检验结果则表明温度因子较为重要。其中，最湿月份的降水量在130mm到410mm之间适宜高粱的生长。当降水量不高于180mm，最低温度高于零下10℃，该属种存在概率大于0.32，满足最低适生条件。当最干月份雨量在10～52mm之间时存在概率值大于0.5，适生概率高。昼夜温差月均值在小于69时，存在概率高，最冷月份最低温度达–17℃时，该存在概率最大。

抗旱耐涝作为高粱的特性，对温度和湿度都比较敏感。此次研究结果表明：温度与降水量环境变量对模型的贡献率高达86.2%，其中干湿月份的雨量对高粱生境分布的影响高达57%，充分表明高粱耐热不喜寒的特性，在生境选择时，应尽量避开低温湿度大的地方。

2.3.2　基于MaxEnt模型的小麦适生分布预测

采用与高粱适生评估建模相似的技术路线，以中全新世的环境因子对过去气候的小麦分布进行预测，根据研究结果显示，在11700年前的全新世的气候条件下，小麦的适生区面积不大，其中少量的高适生区域为我国小麦的发源地，主要分布在我国的四川省东部、重庆市、湖北省、安徽省、江苏省、河北省、北京市等地区。中适生区域在高适生区周边扩散分别分布在云南省、西藏东部地区、广州壮族自治区、广东省、福建省、辽宁省。

采用相同的小麦样本点数据对当前气候建模并取得预测结果，研究结果显示，我国有约一半的区域不适合小麦的生长。预测结果表明，小麦的适生区主要分布在我国四川省的中部东部、贵州、重庆市、山西、北京市、河北、山东、河南、安徽、江苏、湖北、湖南，主要分布在亚热带季风气候区，并靠近沿海区域向北延伸。

将中全新世时期的适生区分布结果与当前气候适生区的预测分布结果进行对比，高适生区域减少，中适生区域扩大。可以得出：四川省以东的中国区域，自一万多年前至今均不适宜小麦的生长；我国中部和东部地区随着全球变暖和其他气候变化的原因，适生区显著扩大；我国中部适生区向东蔓延至沿海地区，北部和南部也显著扩张。

在MaxEnt模型中，选用当前气候的环境因子建模，在预测文件中选择2050年的气候环境因子进行预测，根据2050年的预测结果表明，2050年气候条件下的适生区面积相比当前气候条件下微量扩张，高适生区域总体面积基本不变，中适生区域转变为高适生区域面积扩大。适生等级显著增高。

综上可知，自中全新世至今的分布区域变化较大，当前至2050年的适生分布变化缓慢。由此可见全新世至今的气候变化情况相当明显。自中全新世至今，小麦的适生区范围在一定程度上的减少，但是高适生区的面积逐渐增大，适生区范围自我国南部向北缩减，在一定程度上像北方扩张，高适生区面积显著增加。

对比当前的适生区和2050年适生区的变化，2050年的适生范围整体变化不大，但是在暖色区域内部，适生等级显著升高，高适生区域的面积显著增大。

图2-5所示是相同数据的接收机工作特性（ROC）曲线。红色代表训练数据的ROC曲线，蓝色代表测试数据的ROC曲线，黑色为随机分布数据曲线。训练数据的AUC值为0.988，测试数据的AUC值为0.989，训练数据的值和测试数据的值都大于0.9，表示模型的判别能力和拟合优度较高，预测结果可以采用。

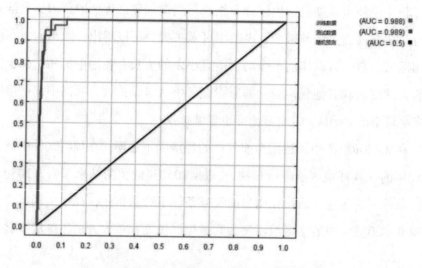

图2-5　小麦潜在分布区ROC曲线

用MaxEnt生态位模型软件建模，变量重要性评估及Jackknife评估结果显示对于此模型贡献率和重要性最强的变量是bio18最暖季度平均雨量、bio4温度季节变化、bio1年平均温度、bio15雨量变化方差、bio11最冷季度平均温度、bio13最湿月份雨量、bio9最干季度平均温度、bio8最湿季度平均温度。其中最暖季度平均雨量贡献率高达40.8%，可见该环境变量对于小麦的生长极其重要，小麦对夏季的降水量较为敏感。bio4所占贡献率15.5%，可见小麦对最湿月份雨量也比较敏感。

根据MaxEnt模型Jackknife刀切图2-6所示，判断不同环境变量对模型小麦潜在分布区预测贡献率的权重大小；Without Variable表示缺失该变量时，模型的正规化训练增益值，With Only Variable表示仅有该变量时，模型的正规化训练增益值，With All Variable表示全部变量参与运算时，模型的正规化训练增益值。根据模型运行结果的环境变量贡献率统计表，筛选19个参与运算的环境变量中贡献率大于等于3%的8种变量，由高到低排序依次为bio18最暖季度平均雨量、bio4温度季节变化、bio1年平均温度、bio15雨量变化方差、bio11最冷季度平均温度、bio13最湿月份雨量、bio9最干季度平均温度、bio8最湿季度平均温度，这五种加起来的贡献率高达87.2%，明显看出，温度和湿度对于小麦的生长产生的影响至关重要，小麦对于温度和湿度极其敏感，这两个条件作为我们研究小麦生长的必不可少的要素。

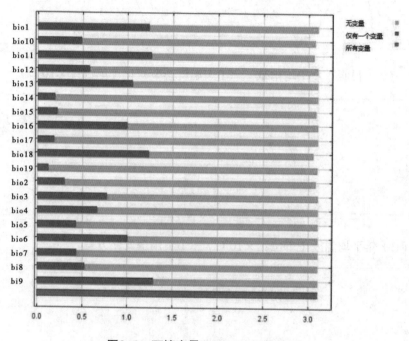

图2-6　环境变量Jackknife评估结果

图2-6响应曲线显示了每一个环境变量是如何影响MaxEnt模型预测结果的。其他环境变量保持在它们的平均水平，曲线显示了每个环境变量在变化时预测可能性的存在变化。接下来我们对小麦潜在分布区与生境适宜性有主要贡献的8种环境变量响应曲线进行了分析，参考郭杰等（2017）相关研究的划分标准，即认为当存在概率（生境适宜性）大于0.5时，该环境变量的数值范围适合小麦生长。图2-7中横坐标为环境变量变化范围，纵坐标为小麦的存在概率。

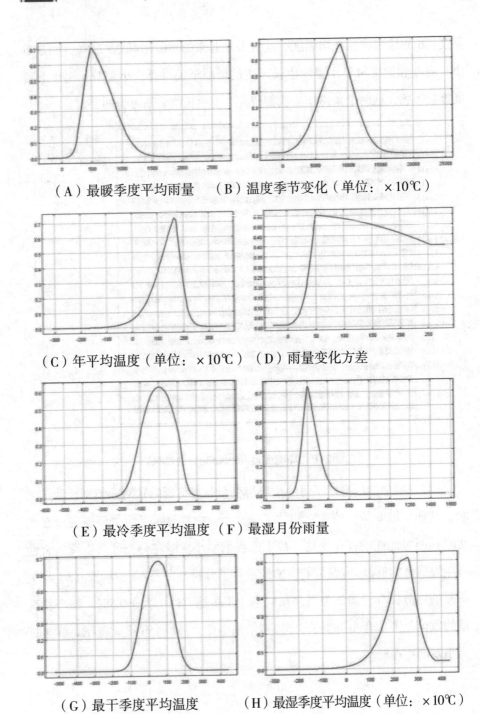

（A）最暖季度平均雨量　（B）温度季节变化（单位：×10℃）

（C）年平均温度（单位：×10℃）（D）雨量变化方差

（E）最冷季度平均温度　（F）最湿月份雨量

（G）最干季度平均温度　　（H）最湿季度平均温度（单位：×10℃）

图2-7　响应曲线

2.3.3 基于MaxEnt模型的玉米适生分布预测

采用前述方法对玉米适生分布进行预测，根据当前分布点以及气候条件建模，对过去气候条件下的玉米分布进行预测，不适生区至适生区变化明显过度，表示适生等级逐渐升高。

预测结果显示出，在11700年前的全新世的气候条件下，玉米的适生区面积较小，其中少量的高适生区域为我国玉米的发源地，主要有我国的河北省河南省山东省部分区域。中适生区域所占面积也较少，主要分布在四川省中东部、重庆市、贵州省、广西壮族自治区、江苏省。

与上述方法相同，我们对玉米在当前气候条件下的分布情况进行预测，结果显示，我们对结果进行中国地区的分析，其中中适生区至高适生区表示适生程度逐渐增高，除了高适生区和中适生区还有大面积的不适合玉米的生长区域。中适生区主要包含在位于100°～130°E，10°～40°E。

从这个预测结果中可以看出，玉米的适生区主要分布在我国四川省的中部东部、贵州、重庆市、江西、北京市、河北、山东、河南、安徽、江苏、湖北、湖南。

将中全新世时期的适生区分布图与当前气候适生区的预测分布图进行对比，高适生区域迅速扩张，中适生区域向外扩张。我们可以看到四川省以东的中国区域，自一万多年前至今均不适宜玉米的生长，我国中部和东部地区随着全球变暖和其他气候变化的原因，适生区显著扩大，我国中部向东蔓延至沿海地区，北部和南部也显著扩张。

对未来气候条件下的玉米分布预测我们选取了20世纪50年代的环境因子，在WordClim上进行下载，并将数据处理成ASC格式。在MaxEnt模型中，选用当前气候的环境因子建模，在预测文件中选择20世纪50年代的气候环境因子进行预测。

根据20世纪50年代的预测结果可以看到，适生面积几乎不变，适生等级微量升高，黄色区域转变为红色区域面积微量扩大。适生等级显著增高。

由上述结果可知，自中全新世至今的分布区域变化较大，当前自20世纪50年代的适生分布变化迅速。由此可见中全新世至今的气候变化情况相当明显。自中全新世至今，玉米的适生区范围在成倍扩增，高适生区的面积迅速增大，适生区范围几乎填满我国的中东部地区，大范围向北向南扩充，高适生区面积显著增加。

对比当前的适生区和20世纪50年代适生区的变化，20世纪50年代的适生范围整体变化不大，但是在暖色区域内部，适生等级显著升高，高适生区域的面积显著增大。

图2-8是基于MaxEnt模型的玉米精度验证ROC曲线。红色代表训练数据的ROC曲线，蓝色代表测试数据的ROC曲线，黑色为随机分布数据曲线。训练数据的AUC值为0.989，测试数据的AUC值为0.977，训练数据的值和测试数据的值都大于0.9，表示模型的判别能力和拟合优度较高，预测结果可以采用。

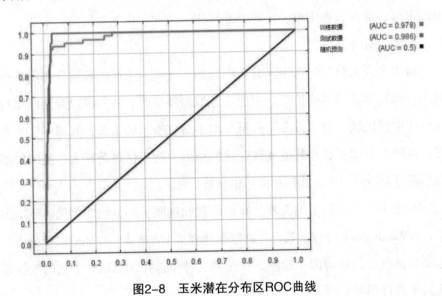

图2-8 玉米潜在分布区ROC曲线

用MaxEnt生态位模型软件建模，变量重要性评估及Jackknife评估结果显示对于此模型贡献率和重要性最强的变量是bio18最暖季度平均雨量、

bio4温度季节变化、bio1年平均温度、bio15雨量变化方差、bio13最湿月份雨量、bio9最干季度平均温度、bio6最冷月份最低温、bio2昼夜温差月均值。其中最暖季度平均雨量贡献率高达42.7%，可见该环境变量对于玉米的生长极其重要，玉米对夏季的降水量较为敏感。bio4温度季节变化所占贡献率16.7%，可见玉米对温度季节变化也比较敏感。

根据MaxEnt模型Jackknife刀切图2-9所示，判断不同环境变量对模型玉米潜在分布区预测贡献率的权重大小；模型的正规化训练增益值。根据模型运行结果的环境变量贡献率统计表，筛选19个参与运算的环境变量中贡献率大于或接近3%的8种变量，由高到低排序依次为bio18最暖季度平均雨量、bio4温度季节变化、bio13最湿月份雨量、bio15雨量变化方差、bio1年平均温度，这五种加起来的贡献率高达94.4%，明显看出，温度和湿度对于玉米的生长产生的影响至关重要，玉米对于温度和湿度极其敏感，这两个条件作为我们研究玉米生长的必不可少的要素。

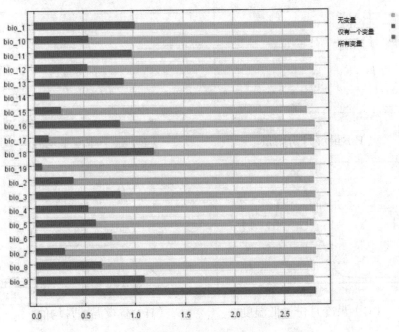

图2-9　环境变量Jackknife评估结果

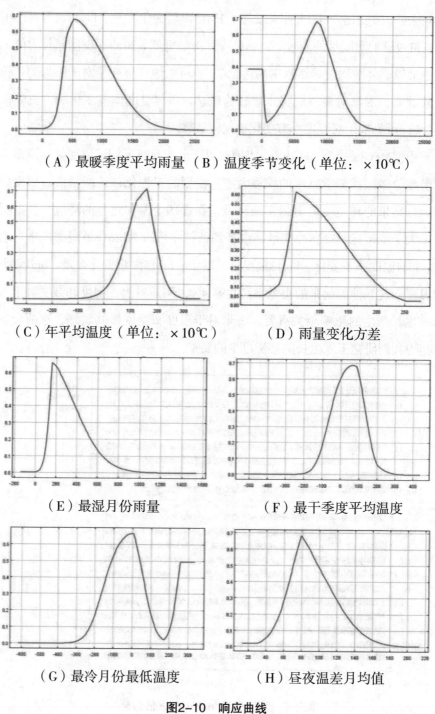

（A）最暖季度平均雨量　（B）温度季节变化（单位：×10℃）

（C）年平均温度（单位：×10℃）　　　（D）雨量变化方差

（E）最湿月份雨量　　　　　（F）最干季度平均温度

（G）最冷月份最低温度　　　　（H）昼夜温差月均值

图2-10　响应曲线

图2-10所示响应曲线显示了每一个环境变量是如何影响MaxEnt模型预测结果的。其他环境变量保持在它们的平均水平，曲线显示了每个环境变量在变化时预测可能性的存在变化。接下来我们对玉米潜在分布区与生境适宜性有主要贡献的8种环境变量响应曲线进行了分析，参考郭杰等（2017）相关研究的划分标准，当存在概率（生境适宜性）大于0.5时，该环境变量的数值范围适合玉米生长。图2-10横坐标为环境变量变化范围，纵坐标为玉米的存在概率。

2.3.4 基于MaxEnt模型的水稻适生分布预测

以中全新世的环境因子对过去气候的水稻分布进行预测，预测结果表明，在11700年前的全新世的气候条件下，水稻的适生区面积十分有限，适合水稻生长的区域只是极小一部分，少量的高适生区区域为我国水稻的发源地，主要有四川省东南部宜宾、广西壮族自治区部分区域。中适生区域主要分布在我国中东部地区。

将中全新世时期的适生区分布状况与当前气候适生区的预测分布进行对比，高适生区域扩增几乎填满原本的中适生区域，原本的中适生区域向外蔓延。我国中部和东部地区随着全球变暖和其他气候变化的原因，适生区显著扩大，我国中部像东蔓延至沿海地区，北部和南部也显著扩张。

对当前气候条件下的预测结果进行中国地区的分析，适生区域主要位于105°~130°E，20°~50°N。适生等级包含高适生等级和中适生等级以及非适生等级，由预测结果可知，在当前气候的预测条件下，我国约30%的地区适合水稻的生长，其中白酒金三角（宜宾、贵州、泸州）所在区域均为红色，从侧面验证了对当前气候条件下预测结果的准确性。从这个预测地图中可以看出，水稻的适生区主要分布在我国四川省的中部东部、贵州、重庆市、广西壮族自治区、广东、安徽、江苏、湖南、江西、福建、浙江。主要分布在亚热带季风气候和热带气候区域，并靠近沿海区域向北延伸。

对未来气候条件下的水稻分布预测我们选取了2050年的环境因子，在

WordClim上进行下载，并将数据处理成ASC格式。在MaxEnt模型中，选用当前气候的环境因子建模，在预测文件中选择2050年的气候环境因子进行预测。

根据2050年的预测分布结果可知，适生区面积微量继续扩大，高适生区适当北移，其中广西壮族自治区和广东省从高适生区变成中适生区，湖北省和河南省的适生面积显著增加。

AUC（Area Under Curve）被定义为ROC曲线下与坐标轴围成的面积，显然这个面积的数值不会大于1。AUC越接近1.0，检测方法真实性越高；等于0.5时，则真实性最低，无应用价值。用曲线ROC分析法对MaxEnt模型预测结果进行精度验证，当AUC的值为0.50～0.60时，说明模型的预测失败，0.60～0.70时预测结果较差，0.70～0.80时预测结果一般，0.80～0.90时预测结果为较好，0.90～1.00时预测结果为很好。一般情况下，当AUC>0.9，预测结果精度较高，预测结果可以采用。

图2-11所示是基于MaxEnt模型的大米精度验证ROC曲线。红色代表训练数据的ROC曲线，蓝色代表测试数据的ROC曲线，黑色为随机分布数据曲线。训练数据的AUC值为0.989，测试数据的AUC值为0.977，训练数据的值和测试数据的值都大于0.9，表示模型的判别能力和拟合优度较高，预测结果可以采用。

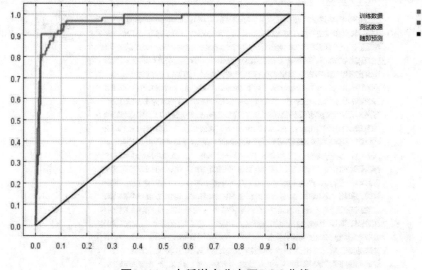

训练数据

测试数据

随即预测

图2-11 水稻潜在分布区ROC曲线

用MaxEnt生态位模型软件建模，变量重要性评估及Jackknife评估结果显示对于此模型贡献率和重要性最强的变量是bio18（最暖季度平均雨量）、bio4（温度季节变化）、bio13（最湿月份雨量）。其中最暖季度平均雨量贡献率高达40.1%，可见该环境变量对于水稻的生长极其重要，水稻对夏季的降水量较为敏感。bio13所占贡献率12.1%，可见水稻对最湿月份雨量也比较敏感。

根据MaxEnt模型Jackknife刀切图2-12所示，判断不同环境变量对模型水稻潜在分布区预测贡献率的权重大小。根据模型运行结果的环境变量贡献率统计表，筛选22个参与运算的环境变量中贡献率大于或接近3%的5种变量，由高到低排序依次为bio18（最暖季度平均雨量）、bio4（温度季节变化）、bio13（最湿月份雨量）、bio15（雨量变化方差）、bio1（年平均温度），这五种加起来的贡献率高达91%，明显看出，温度和湿度对于水稻的生长产生的影响至关重要，水稻对于温度和湿度极其敏感，这两个条件作为我们研究水稻生长的必不可少的要素。

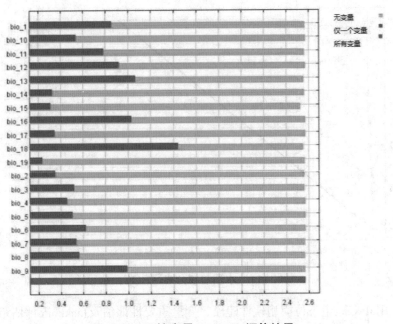

图2-12 环境变量Jackknife评估结果

图2-13所示响应曲线显示了每一个环境变量是如何影响MaxEnt模型预测结果的。其他环境变量保持在他们的平均水平，曲线显示了每个环境变量在变化时预测可能性的存在变化。接下来我们对水稻潜在分布区与生境适宜性有主要贡献的5种环境变量响应曲线进行了分析，参考郭杰等（2017）相关研究的划分标准，当存在概率（生境适宜性）大于0.5时，该环境变量的数值范围适合水稻生长。图中横坐标为环境变量变化范围，纵坐标为水稻的存在概率。

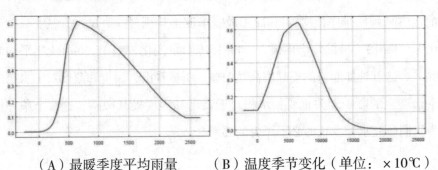

（A）最暖季度平均雨量　　（B）温度季节变化（单位：×10℃）

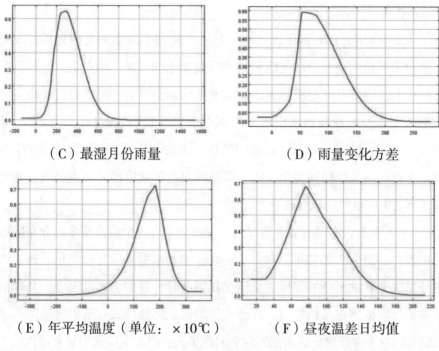

（C）最湿月份雨量　　　　　（D）雨量变化方差

（E）年平均温度（单位：×10℃）　　　（F）昼夜温差日均值

图2-13　响应曲线

2.4　环境因子对酒粮的影响分析

2.4.1　基于适生分布结果的影响分析

本章主要运用MaxEnt模型对五粮液的酒粮进行中国分布进行预测，按照现在、过去和未来的时间轴顺序对酒粮的分布进行预测，对预测结果的准确性和重要环境因子的贡献率进行分析，并根据时间顺序分别对比了中全新世与当前分布区的变化，当前分布区与2050年分布区的变化，得出随着气候变化高粱的适生区逐渐变大的结论。

（1）当前气候下的高粱主要分布在我国四川省的中部东部、贵州、重庆市、山西、北京市、河北、山东、河南、安徽、江苏、湖北、湖南；中全新世至今，高粱适生区显著扩大，在2050年的预测结果中适生区面积将进一步扩大。

（2）四川省以东的中国区域，一万多年前不适宜小麦的生长；我国中部和东部地区随着全球变暖和其他气候变化的原因，小麦适生区显著扩大，从中部向东蔓延至沿海地区，北部和南部也显著扩张；当前，小麦的适生区主要分布在我国四川省的中部东部以及贵州、重庆市、山西、北京市、河北、山东、河南、安徽、江苏、湖北、湖南等省区；到2050年左右，小麦适生范围整体变化不大，但是在暖色区域内部，适生等级显著升高，高适生区域的面积显著增大。

（3）玉米、水稻的适生情况与小麦类似，自中全新世至今的分布区域变化较大，当前至2050年左右，小麦、玉米、水稻适生分布变化迅速。由此可见中全新世至今的气候变化情况相当明显，自中全新世至今，几种酒粮的适生区范围在成倍扩增，高适生区的面积迅速增大，适生区范围几乎填满我国的中东部地区，大范围向北向南扩充，高适生区面积显著增加。

2.4.2 基于环境影响因子的影响分析

本章使用了19个环境变量数据，通过MaxEnt生态位模型软件建模，研究显示：

（1）针对高粱的适生建模，对模型贡献率和重要性最强的变量是bio18（最暖季度平均雨量）、bio4（温度季节变化）、bio13（最湿月份雨量）；针对小麦的适生建模，对模型贡献率和重要性最强的变量由高到低排序依次为bio18（最暖季度平均雨量）、bio4（温度季节变化）、bio1（年平均温度）、bio15（雨量变化方差）、bio11（最冷季度平均温度）、bio13（最湿月份雨量）、bio9（最干季度平均温度）、bio8（最湿季度平均温度），这8种加起来的贡献率高达87.2%；针对玉米的适生建模，对模型贡献率和重要性最强的变量由高到低排序依次为bio18（最暖季度平均雨量）、bio4（温度季节变化）、bio13（最湿月份雨量）、bio15（雨量变化方差）、bio1（年平均温度），这五种加起来的贡献率高达94.4%；针对水稻的适生建模，对模型贡献率和重要性最强的变量bio18（最暖季度平均雨量）、bio4（温度季节变化）、bio13（最湿月份雨量）、bio15（雨量变化方差）、bio1（年平均温度），这五种加起来的贡献率高达91%。

（2）综合上述分析表明：温度和湿度对于高粱、小麦、玉米、水稻等酒粮的生长产生的影响至关重要，酒粮对于温度和湿度极其敏感，这两个条件作为研究酒粮生长的必不可少的要素。

2.5 本章小结

本章结合3S技术和监测数据，运用MaxEnt模型建模，对高粱、小麦、玉米、水稻的生态位进行分析，并对这几种酒粮的适生区进行预测，结合气候变化状态，研究结果有利于对这几种酒粮的适生状况发展脉络有更加清晰的了解。特别的，高粱作为五粮液的五种酒粮之一，元代开始成为农民的主要食物，后来逐渐发展成为酿酒的酒粮，对高粱的研究具有一定的历史意义和经济价值。

第三章 核心区主要陆表因子及其特征分析

伴随着经济的发展，城市扩张、人口暴增，人类挤占动植物栖息环境，导致部分物种的消亡，从而对生态环境产生破坏作用。本章拟提取表征研究区主要自然特征的水体、建筑、裸地、森林、农田、草地等六类地表因子，重点从地表水资源特征、核心区城镇变迁、核心区植被变化监测三个方面来分析五粮液核心区地表因子特征及其变化规律。

3.1 核心区地表因子提取

3.1.1 数据源及预处理

Landsat系列卫星是当前应用最为广泛的对地观测卫星之一，自1972年7月23日以来，已发射8颗，长期应用于陆地上的资源环境调查和监测。

Landsat-5是美国陆地卫星系列（Landsat）的第五颗卫星，于1984年3月1日从加利福尼亚范登堡空军基地发射。Landsat-5携带了多光谱扫描仪（MSS）和专题制图仪（TM），并提供了近29年的地球成像数据，于2013年6月5日退役。

Landsat-7卫星是美国的陆地卫星计划（Landsat）中的第七颗，于1999年4月15日在加利福尼亚范登堡空军基地发射，改卫星携带增强型专题制图仪（Enhanced Thematic Mapper，ETM+）传感器。自2003年6月以来，ETM+传感器已采集并传输了扫描线校正器（SLC）故障导致的数据间隙数据，到2020年底，地球资源卫星9号将取代轨道上的Landsat7。

Landsat-8是美国陆地卫星计划（Landsat）的第八颗卫星，于2013

年2月11号在加利福尼亚范登堡空军基地由Atlas-V火箭搭载发射成功。Landsat-8上携带陆地成像仪（Operational Land Imager，OLI）和热红外传感器（Thermal Infrared Sensor，TIRS）。OLI陆地成像仪包括9个波段，空间分辨率为30m，其中包括一个15m的全色波段，成像宽幅为185×185km。OLI包括了ETM+传感器所有的波段，为了避免大气吸收，OLI对波段进行了重新调整，比较大的调整是OLI Band5（0.845-0.885μm），排除0.825μm处水汽吸收特征；OLI全色波段Band8波段范围较窄，这种方式可以在全色图像上更好区分植被和无植被特征；此外，还有两个新增的波段：蓝色波段（band 1；0.433-0.453μm）主要应用海岸带观测，短波红外波段（band 9；1.360-1.390μm）包括水汽强吸收特征可用于云检测；近红外band5和短波红外band9与MODIS对应的波段接近。热红外传感器TIRS包括2个单独的热红外波段，分辨率100m。

　　由于研究区整体气候温润，降水充沛，云雾天气较多，单一卫星数据难以满足研究要求，本文主要采用Landsat5、Landsat7、Landsat8卫星数据作为主要数据源（数据来源于earthexplorer.usgs.gov），影像数据各波段参数见表3-1、3-2、3-3。

表3-1　Landsat 5TM各波段参数

波段号	波段	频谱范围（μm）	分辨率（m）
B1	Blue	0.45—0.52	30
B2	Green	0.52—0.60	30
B3	Red	0.63—0.69	30
B4	Near IR	0.76—0.90	30
B5	SW IR	1.55—1.75	30
B6	LW IR	10.40—12.5	120
B7	SW IR	2.08—2.35	30

表3-2　Landsat 7 ETM各波段参数

波段	波长范围（μm）	地面分辨率（m）
B1	0.45~0.515	30
B2	0.525~0.605	30
B3	0.63~0.690	30
B4	0.75~0.90	30
B5	1.55~1.75	30
B6	10.40~12.50	60
B7	2.09~2.35	30
B8	0.52~0.90	15

表3-3　Landsat 8 各波段参数

传感器类型	波段	波长范围（μm）	空间分辨率（m）	主要应用
陆地成像仪OLI	B1 Coastal（海岸波段）	0.433~0.453	30	主要用于海岸带观测
	B2 Blue（蓝波段）	0.450~0.515	30	用于水体穿透，分辨土壤植被
	B3 Green（绿波段）	0.525~0.600	30	用于分辨植被
	B4 Red（红波段）	0.630~0.680	30	处于叶绿素吸收区，用于观测道路、裸露土壤、植被种类等
	B5 NIR（近红外波段）	0.845~0.885	30	用于估算生物量，分辨潮湿土壤
	B6 SWIR 1（短波红外1）	1.560~1.660	30	用于分辨道路、裸露土壤、水，还能在不同植被之间有好的对比度，并且有较好的大气、云雾分辨能力
	B7 SWIR 2（短波红外2）	2.100~2.300	30	用于岩石、矿物的分辨，也可用于辨识植被覆盖和湿润土壤
	B8 Pan（全色波段）	0.500~0.680	15	为15m分辨率的黑白图像，用于增强分辨率
	B9 Cirrus（卷云波段）	1.360~1.390	30	包含水汽强吸收特征，可用于云检测
热红外传感器TIRS	B10 TIRS 1（热红外1）	10.60~11.19	100	感应热辐射的目标
	B11 TIRS 2（热红外2）	11.50~12.51	100	感应热辐射的目标

针对研究区Landsat系列卫星数据现状,本书挑选1988—2020年22期质量相对较好的数据数据(月份为7~9月),如下表3-4所示。

表3-4 Landsat影像数据一览表(L1级)

编号	类型	日期	编号	类型	日期
1	Landsat5	1988-06-02	12	Landsat7	2010-09-03
2	Landsat5	1989-06-05	13	Landsat7	2011-07-20
3	Landsat5	1991-08-30	14	Landsat7	2012-08-05
4	Landsat5	1992-09-01	15	Landsat8	2013-08-26
5	Landsat5	1993-09-04	16	Landsat7	2014-07-04
6	Landsat5	1999-09-21	17	Landsat7	2015-07-07
7	Landsat5	2002-09-05	18	Landsat7	2016-09-11
8	Landsat5	2006-08-15	19	Landsat8	2017-08-05
9	Landsat5	2007-09-19	20	Landsat8	2018-08-24
10	Landsat5	2008-07-27	21	Landsat8	2019-08-11
11	Landsat5	2009-08-31	22	Landsat8	2020-08-28

将数据进行解压缩后,进行数据预处理,主要包括图像裁剪(图3-1)、辐射校正、大气校正(图3-2)。

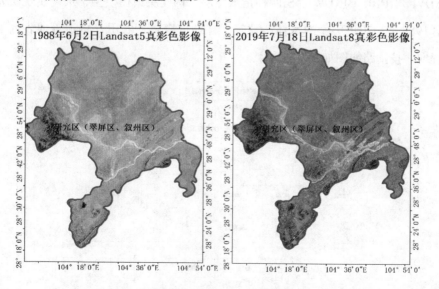

图3-1 裁剪后的研究区Landsat卫星影像图(真彩色)

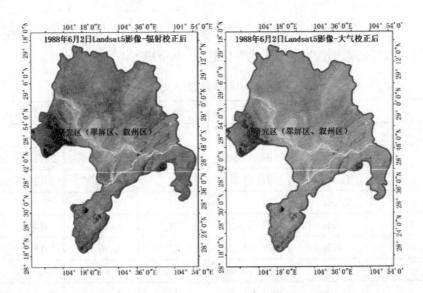

图3-2　经过辐射校正、大气校正后的Landsat5卫星影像图

3.1.2　地表因子提取

（1）地表因子提取步骤及技术路线

将经过预处理后的Landsat卫星影像数据，利用ENVI5.3平台生成NDVI、NDBI、MNDWI、SI四种指数图层，构建决策树模型，最终实现研究区1988—2020年历年的水体、建筑、裸地、森林、农田、草地等地表因子提取，技术路线图如图3-3所示。

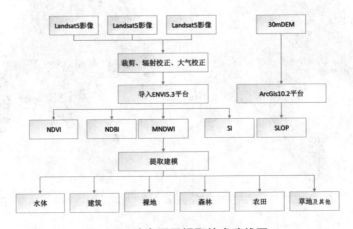

图3-3　地表因子提取技术路线图

图3-3中涉及的遥感指数说明如表3-5所示。

表3-5 遥感指数说明

指数	适用数据类型	计算公式	说明
NDVI	Landsat5、7	（B4-B3）/（B4+B3）	NDVI（Normalized Difference Vegetation Index, 归一化植被指数), 是反映农作物长势和营养信息的重要参数之一。
	Landsat8	（B4-B3）/（B4+B3）	
MNDWI	Landsat5、7	（B2-B5）/（B2+B5）	MNDWI（Modified Normalized Difference Water Index, 改进的归一化水指数), 用遥感影像的特定波段进行归一化差值处理, 以凸显影像中的水体信息。
	Landsat8	（B3-B6）/（B3+B6）	
SI	Landsat5、7	（（B5+B3）-（b4+B1））/（（B5+B3）+（b4+B1））	SI（Soil index, 裸土指数), 提取地表裸土信息。
	Landsat8	（（B6+B4）-（b5+B2））/（（B6+B4）+（b5+B2））	
NDBI	Landsat5、7	（B5-B4）/（B5+B4）	NDBI（Normalized Difference Buildings Index, 归一化建筑指数), 提取地表建筑信息。
	Landsat8	（B6-B5）/（B6+B5）	

（2）基于决策树的地表因子提取模型

在ENVI4.3平台中, 利用NDVI、MNDWI、SI、NDBI、DEM、SLOP（坡度）数据, 建立基于决策树的地表因子提取模型。如图3-4所示。

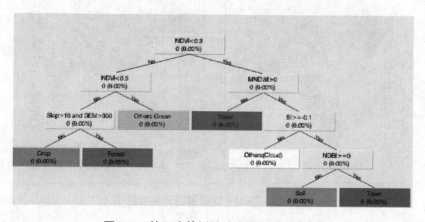

图3-4 基于决策树的地表因子提取模型

基于上述模型，分别将1988—2020年度相关数据带入、进行运算，得到地表覆盖分类数据，如图3-5、3-6、3-7、3-8所示，分别代表2020年、2009年、2002年、1992年四期地表分类数据（完整数据集见附件一）。

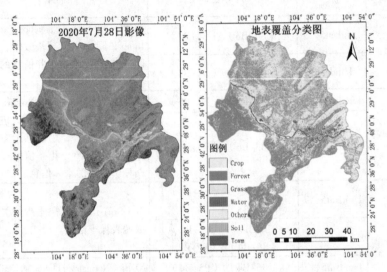

图3-5　2020年地表覆盖分类专题图

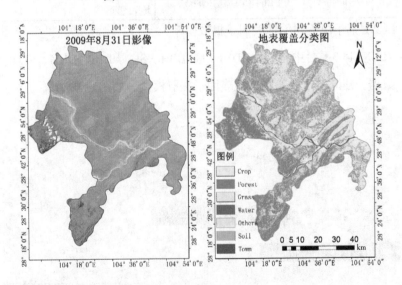

图3-6　2009年地表覆盖分类专题图

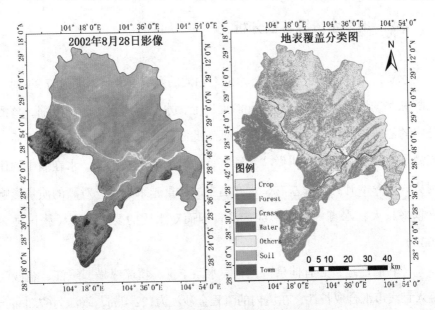

图3-7 2002年地表覆盖分类专题图

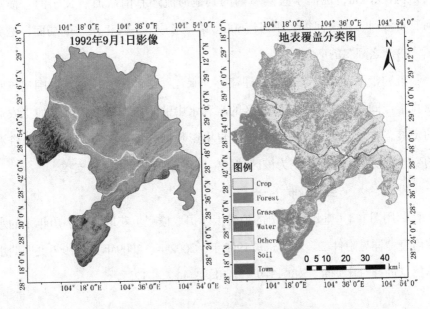

图3-8 1992年地表覆盖分类专题图

图中的Crop、Forest、Grass、Water、Soil、Town、Other分别代表农田、森林、草地、水体、裸地、城镇及其他未分类地物。

3.2 地表水资源特征分析

水资源是酿酒的主要原料，水质对白酒的影响很大：酒度为57.9度时，乙醇和水的质量约各占50%，此酒度以上，水是溶质，乙醇是溶剂，该酒是水的乙醇溶液，称为"酒水"；低于此酒度，水是溶剂，乙醇是溶质，该酒是乙醇的水溶液，叫做"水酒"；随着酒度越来越低，水在酒中的比例从约40%上升到70%左右，水在酒中的比重越来越大，对酒的质量影响也越来越大，水直接参与形成产品，因而对水质的要求更高（张国强，2005）。

"名酒产地，必有佳泉"，宜宾水系丰富，溪流纵横，岷江、金沙江流入宜宾市汇合成长江，在境内的流程金沙江为122.4km，岷江为67.8km，长江为83.6km，滋润了宜宾境内的其他河流还有南广河、长宁河、横江河、黄沙河、越溪河等大小河流600多条，形成"三江汇聚"的局面，滋养了"白酒之都"的广大民众。

五粮液酒品用水来源于岷江江心，岷江、金沙江、长江及周围河流水系直接或间接影响五粮液核心区的水和水中的物质，影响该区域的工农业的发展，本节从宏观角度，基于卫星摄影数据分析近30年来该区域水资源的变迁及变化趋势，以期为该区域的生态环境评估提供数据支撑。

3.2.1 水体信息提取

利用图3-4（基于决策树的地表因子提取模型）获取研究区历年来的水体信息，详见附件二。本节选取1992年、2002年、2009年、2019年度四期水体信息进行对比研究，如图3-9、3-10、3-11、3-12所示。

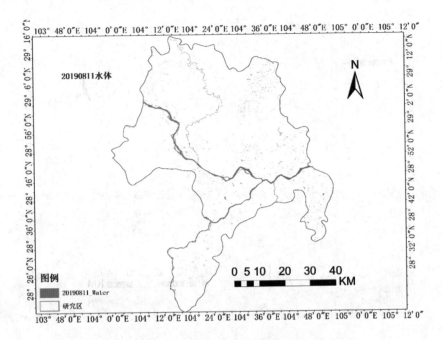

图3-9 2019年水体信息专题图

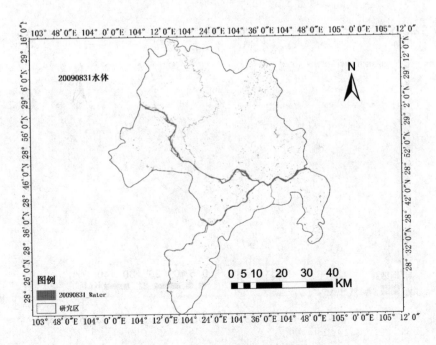

图3-10 2009年水体信息专题图

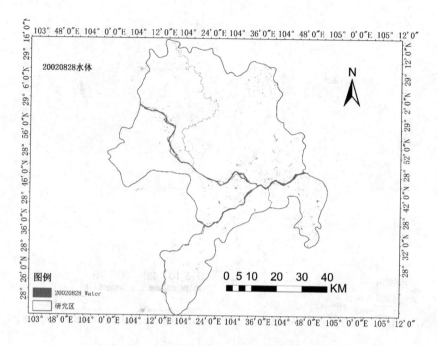

图3-11　2002年水体信息专题图

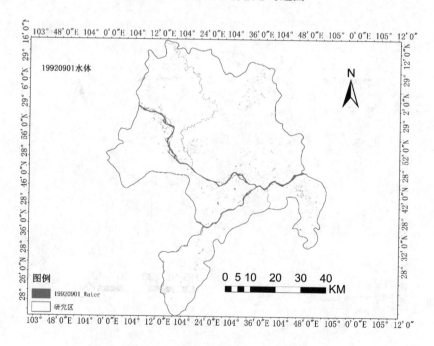

图3-12　1992年水体信息专题图

3.2.2　水资源变迁及特征分析

（1）水资源整体变化特征分析

基于提取的19920901、20020828、20090831、20190811年四期研究区水体信息专题数据，将其转化为矢量数据，进行统计分析，如表3-6所示。

表3-6　1992—2019四期水体信息数据表

年度	数量（处）	周长（km）	面积（km²）
1992	3832	1301.83	67.68
2002	2643	1112.71	65.83
2009	2836	1163.00	67.76
2019	3716	1341.66	69.90

分析表3-6，利用标准差来计算水体周长和面积的标准差，计算公式如下：

$$S = \sqrt{\frac{\sum_{i=1}^{n}(X_i - X)^2}{n-1}} \tag{3-1}$$

式中，S表示标准差，n表示数据个数，X表述数据平均值，X_i表示单个的数据。计算1992、2002、2009、2019年水体周长和面积的标准差分别为109.35、1.66。分析可知，在将近30年内，研究区地表覆盖变化相对较大，导致提取的水体数据量、总长度变化较大，但是，水体面积变化很小。

（2）基于密度的逐年水资源变化特征分析

分析历年水体分布特征，研究区主要水体由岷江、金沙江、长江及其支流构成，由于环境保护因素，这些水体面积变化较小。但是，随着研究区人口增加、工业、农业等迅猛发展，面积较小的水体则受外在环境影响较大，一部分水体因为城市的扩张而消失，而在一些区域则会新建一些人工湖泊。本节采用单位网格（1km×1km）内水体面积密度来表征、分析水体的变化特征，计算公式如下：

$$D = \sum_{i=0}^{n} A_i \tag{3-2}$$

式中D表示密度，A_i表示1km^2网格内包含的第i块水体面积，单位为亩。因此，D的单位为亩/km^2。在Arcgis10.2平台中利用Kernel Density工具生成1992、2002、2009、2019年四期水体密度专题图，如图3-13、3-14、3-15、3-16所示。

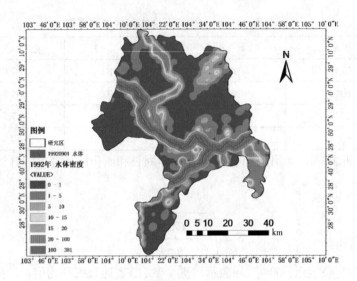

图3-13　1992年水体密度专题图

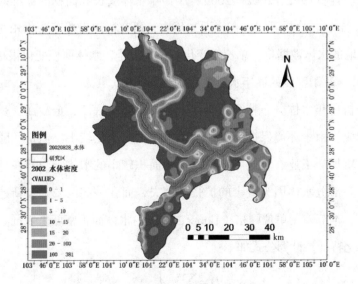

图3-14　2002年水体密度专题图

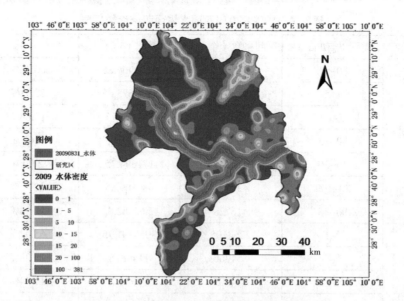

图3-15 2009年水体密度专题图

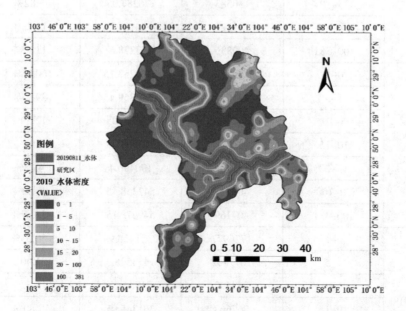

图3-16 2019年水体密度专题图

将水体面积密度数据按照{[0–1，1–5，5–10，10–15，15–20，20–100，100–381}标准分为7类，统计各类水体面积占比，如表3–7所示。

表3-7　1992-2019四期水体面积密度数据表

年度	类别（亩/km²）	网格数（个）	面积（亩）	占比
1992	0-1	2075531	2801966.85	60.46%
	1-5	992351	1339673.85	28.91%
	5-10	399565	539412.75	11.64%
	10-15	193243	260878.05	5.63%
	15-20	127181	171694.35	3.70%
	20-100	429711	580109.85	12.52%
	100-381	416728	562582.8	12.14%
2002	0-1	2263105	3055191.75	65.94%
	1-5	851760	1149876	25.28%
	5-10	384505	519081.75	11.34%
	10-15	208315	281225.25	6.11%
	15-20	130583	176287.05	3.82%
	20-100	385322	520184.7	11.23%
	100-381	409836	553278.6	11.95%
2009	0-1	2058709	2779257.15	60.05%
	1-5	971007	1310859.45	29.77%
	5-10	414763	559930.05	12.39%
	10-15	234047	315963.45	6.94%
	15-20	141104	190490.4	4.18%
	20-100	401747	542358.45	11.71%
	100-381	407169	549678.15	11.87%
2019	0-1	1726977	2331418.95	50.33%
	1-5	1077442	1454546.7	31.40%
	5-10	532490	718861.5	15.52%
	10-15	267663	361345.05	7.80%
	15-20	142875	192881.25	4.16%
	20-100	478127	645471.45	13.93%
	100-381	406871	549275.85	11.86%

分析1992—2019年四期水体面积密度曲线图（图3-17），可知1992年、2002年、2009年、2019年水体面积密度为[1-5]区域，占比分别为28.91%、25.28%、29.77%、31.40%，总体呈现先减少后增加的趋势；在[5-10]区域，占比分别为11.64%、11.34%、12.39%、15.52%，水体面积密度也是先减少后增加；在[10-15]区域，占比分别为5.63%、6.11%、6.94%、7.80%，呈增加趋势；在[15-20]区域，占比分别为3.70%、3.82%、4.18%、4.16%，呈先减少后增加趋势；在[20-100]区域，占比分别为12.52%、11.23%、11.71%、13.93%，呈先减少后增加趋势；在[100-381]区域，占比分别为12.14%、11.95%、11.87%、11.86%，呈减少趋势，但变化幅度不大。

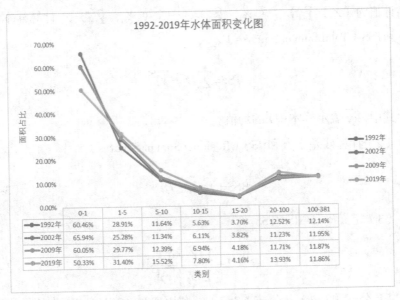

图3-17 1992—2019年四期水体面积密度图

（3）基于密度的逐年水资源变化特征分析

以研究区水体面积密度为因变量、年为自变量，建立一元线性方程，其中斜率反映水体面积密度的变化趋势和快慢程度，一元线性方程公式如下：

$$Y_i = \theta T_i + b \tag{3-3}$$

式中，Y_i为关注年限内的第i年水体面积密度，同式（3-7），T_i为相应年限内的第i年年号，θ为该年限内的水体面积密度Y_i随T_i的倾向率（变化趋势率），θ计算公式如下：

$$\theta = \frac{n \times \sum\limits_{i=1}^{m}(T_i \times Y_i) - \sum\limits_{i=1}^{m}T_i \sum\limits_{i=1}^{m}Y_i}{n \times \sum\limits_{i=1}^{m}T_i^2 - (\sum\limits_{i=1}^{m}T_i)^2} \tag{3-4}$$

针对多年水体面积密度一元线性回归方程，采用判定系数（Coefficient of Determination）R^2度量其拟合优度，计算过程如下：

（1）对于m个样本（X_1，Y_1），（X_2，y_2），…，（X_m，Y_m），某模型的估计值为（X_1，$\widehat{Y}_1$），（X_2，$\widehat{Y}_2$），…，（X_m，$\widehat{Y}_m$），计算样本的总平方和TSS（Total Sum of Squares）。

$$TSS = \sum\limits_{i=1}^{m}(Y_i - \overline{y})^2 \tag{3-5}$$

式中，$\overline{y}$表示样本中Y_i的均值。

（2）计算残差平方和RSS（Residual Sum of Squares）。

$$RSS = \sum\limits_{i=1}^{m}(\widehat{Y}_i - Y_i)^2 \tag{3-6}$$

（3）定义$R^2 = 1 - RSS/TSS$。

$$R^2 = 1 - \frac{\sum(\widehat{Y}_i - Y_i)^2}{\sum(Y_i - \overline{y})^2} \tag{3-7}$$

结合公式（3-4）、公式（3-7），利用1992—2019年4期水体面积密度数据，计算水体面积密度变化趋势及判定系数，如图3-18、3-19所示。

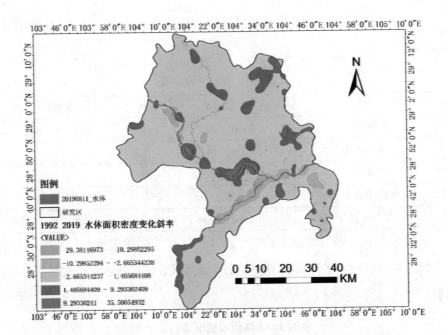

图3-18 1992—2019年四期水体面积密度变化趋势——斜率

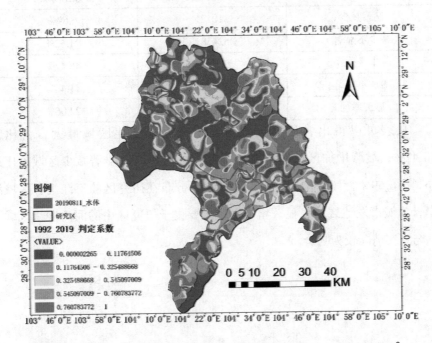

图3-19 1992—2019年四期水体面积密度变化趋势——判定系数R²

结合判定系数 R^2，根据检验结果进行趋势变化分级，等级划分标准如表3-8所示。

表3-8   等级划分标准

等级	斜率 θ	判定系数 R^2
显著减少	$(-\infty, -0.25)$	$[0, 0.4)$
减少不显著	$(-\infty, -0.25)$	$[0.4, 1]$
未变化	$[-0.25, 0.25]$	--
增加不显著	$(0.25, +\infty)$	$[0, 0.4)$
显著增加	$(0.25, +\infty)$	$[0.4, 1]$

根据上表，进行研究区1992—2019两年水体面积密度变化等级划分结果如图3-20所示，水体面积密度变化等级像元数及其所占百分比如表3-9所示。

表3-9   水体面积密度等级百分比

类别	值	百分比（%）
显著减少	310121	6.69%
减少不显著	524381	11.32%
未变化	2245204	48.47%
增加不显著	530794	11.46%
显著增加	1022004	22.06%

从表可以得出，研究区水体面积密度未变化区域最大，占比为48.47%；显著增加区域面积占比较大，为22.06%；显著减少区域占比最小，为6.69%。其中，显著减少区域主要分布在研究区的三江汇合区域沿岸，为城市发达区域；显著增加区域主要位于研究区中的河湾冲积区域，这与现实情况较为吻合。

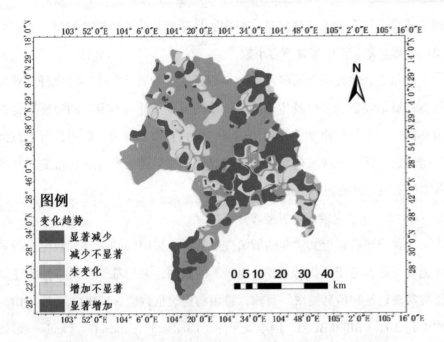

图3-20　1992—2019年四期水体面积密度变化等级区划图

3.3　核心区城镇变迁特征分析

3.3.1　研究背景

城市，由"城"与"市"构成，顾名思义，意指一个城墙高筑、有买有卖的地方。这个地方能够让人们免遭外界的侵害，也能让人们在此进行买卖，各取所需。随着时代的发展和社会的进步，城市的功能也日趋复杂，人们的需求不再只是简单的基本生存条件，而是更广阔的物质追求，从而将城市的功能进行了一系列的扩展，城市变迁也由此展开。

五粮液核心区——宜宾，万里长江第一城，建市于1997年2月24日。正式建市以后，宜宾城市围绕着老城区展开发展，周圈向南岸、江北、临港三个维度扩散开来。历时20多年的发展，宜宾城市中心经历了一轮又一轮的变换，该区域现已被列入国家成渝经济区规划的重点支持发展区域，是四川建设长江上游沿江经济带、川南经济新增长的重要支撑城市，宜宾城市的合理规划、整体部署不容小觑。

城市变迁往往围绕着经济、环境以及人文素质这三个特征展开。建筑信息是城市经济、人口及生态环境评价的重要指标。本节利用遥感影像提取1988—2020年城市建筑及裸地信息，以宜宾市翠屏区、叙州区行政范围为研究区，获上述区域的城市相关信息，从城区建筑密度、城市变迁特征等方面对研究区的城市扩张情况进行研究。

3.3.2 基于遥感的建筑指数介绍

为探究研究区近30多年的城镇变迁规律，采用Landsat系列数据进行城区地物提取，基于数据分辨率（30m）的限制，采用基于光谱特性的建筑指数实现建筑物信息提取。目前，常用的建筑指数包含NDBI、IBI、CBI、NDISI、UI、EBBI和BUAI。因本文采用了Landsat5、Landsat7、Landsat8影像数据，三者提取建筑物指数的波段稍有区别（见表3-5），后文所述光谱波段均建立于Landsat8影像基础上。

归一化建筑指数（NDBI），通过计算遥感影像中NIR波段到MIR波段间对建筑物变化的反映的数据，能够有效地提取影像中的建筑。计算公式如下：

$$NDBI = (B6 - B5) / (B6 + B5) \tag{3-8}$$

式中，B5对应Landsat影像中的NIR，B6对应SWIR1。NDBI的取值范围在-1到1之间，像元对应的NDBI值越大，意味着该像元是建筑的概率就更大。通常将值大于0的像元归类为建筑用地，小于0的像元即非建筑用地。

城市建成区指数（BUAI）是NDBI指数的加强。因为在提取NDBI时，提取的区域中会混杂其他成分，比如一些植被和水体信息。所以为了提高提取结果的准确性，需要将这些干扰信息消除。消除地物需要用MNDWI对原始图像进行水体掩膜，结合相关指数，创建出增强城市建筑信息响应能力的新指数BUAI。

$$BUAI=NDBI-NDVI \tag{3-9}$$

其中NDVI是归一化植被指数。BUAI取值范围在-2到2之间，其值越大表明该像元是建筑用地的概率越大，建筑信息增强。反之，其值越小，表明该像元是建筑用地的概率就越小，建筑信息减弱。

基于指数型建筑指数（IBI）能够将建筑区域的信息增强。对城市生态系统的研究可以从三个方向入手，分别是植被、建筑和裸露土壤，所以选取三种因素分别对应的指数，对指数进行计算。

$$IBI=[NDBI-（SAVI+MNDWI）/2]/[NDBI+（SAVI+MNDWI）] \tag{3-10}$$

其中，SAVI是土壤调节植被指数，MNDWI是改进型归一化差值水体指数。IBI指数可以增强建筑区域信息，因为NDBI指数减去SAVI指数和MNDWI指数后建筑区域像元值呈正值。组合建筑指数（CBI）计算公式如下：

$$CBI=[（PCI+NDWI）/2-SAVI]/[（PCI+NDWI）/2+SAVI] \tag{3-11}$$

PCI和NDWI指数相加减去SAVI指数后，建筑的值变大，植被和土壤的值变。PC1和NDWI指数之和除以2是将和的取值范围降为每个数据的原始范围，并使用PC1、NDWI和SAVI相等的权重计算组合指数CBI。

增强型建筑和裸地指数（EBBI），计算公式如下：

$$EBBI=（B6-B5）/[10*（B6+TIR）] \tag{3-12}$$

对于Landsat 8影像，B5为NIR波段，B6为SWIR1波段，TIR为热红外波段，因为TIR波段不能进行大气校正，在获取大气校正后EBBI指数时，TIR与大气校正后的B6和B5波段需要进行0到1的线性拉伸[1]。城市指数（UI），计算公式如下：

$$UI=（B7-B5）/（B7+B5） \tag{3-13}$$

对于Landsat 8影像，B5为NIR波段，B7为SWIR2波段。归一化差值建筑指数（NDISI），计算公式如下：

$$NDISI= \{TIR-[（NDWI+B5+B6）/3]\}/ \{TIR+[（NDWI+B5+B6）/3]\} \tag{3-14}$$

对于Landsat 8影像，B5为NIR波段，B6为SWIR1波段，NDISI具有

归一化指数的特征,取值范围为−1到1。TIR为热红外波段,因为TIR波段不能进行大气校正,在获取大气校正后NDISI指数时,TIR与大气校正后的NDWI、B6和B5波段需要进行0到1的线性拉伸。

结合本章3.1节建模需求,最终选取NDBI指数进行建筑物信息提取。

3.3.3 城镇信息提取

本文根据现有的Landsat数据情况,结合本章3.1节地表因子提取步骤及技术路线图,选取1988年、1992年、1999年、2002年、2007年、2009年、2017年、2019年、2020年共计9期影像,结合灯光数据,利用基于决策树的地表因子提取模型提取研究区城镇信息并制作专题图。如图3-21—3-29所示。

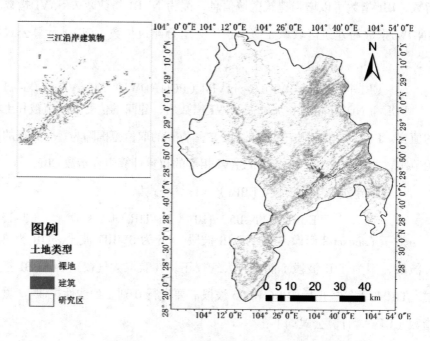

图3-21 1988年城镇信息提取专题图

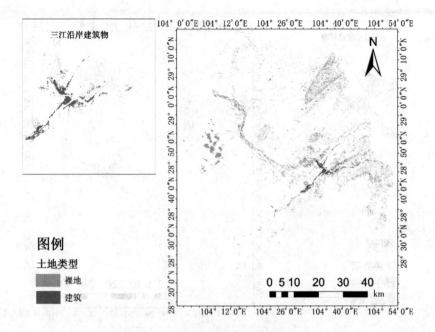

图3-22 1992年城镇信息提取专题图

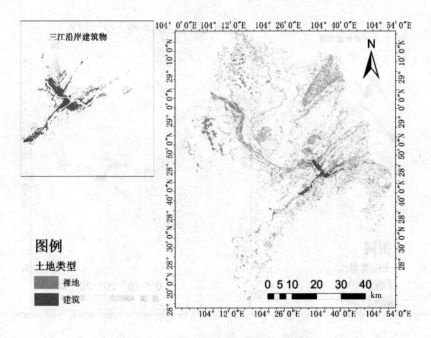

图3-23 1999年城镇信息提取专题图

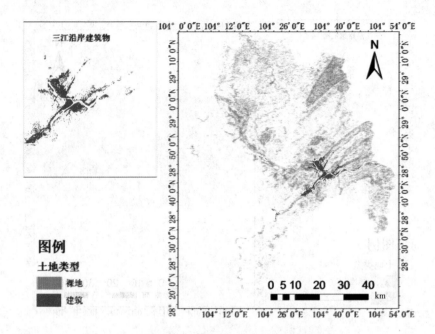

图3-24　2002年城镇信息提取专题图

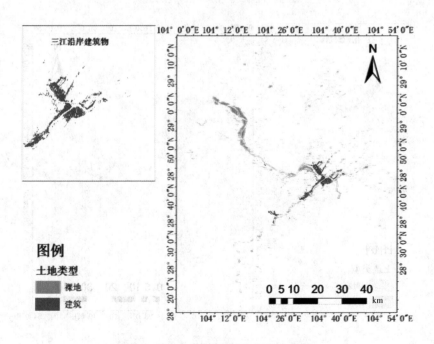

图3-25　2007年城镇信息提取专题图

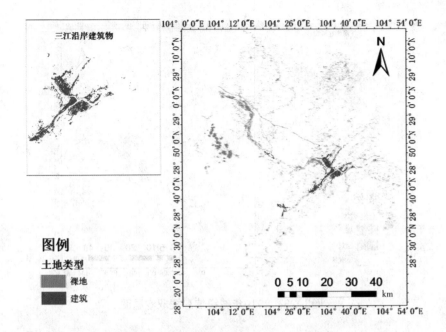

图3-26 2009年城镇信息提取专题图

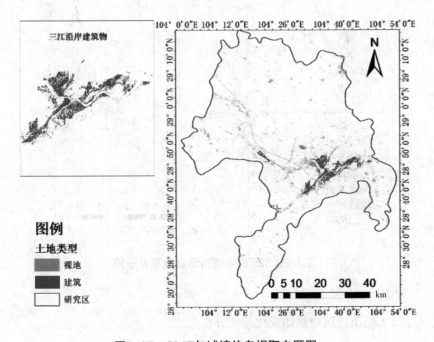

图3-27 2017年城镇信息提取专题图

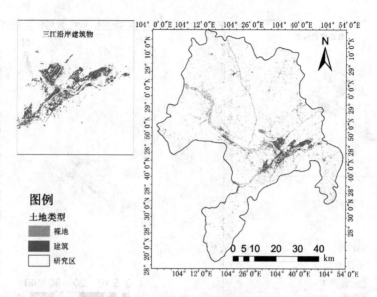

图3-28　2019年城镇信息提取专题图

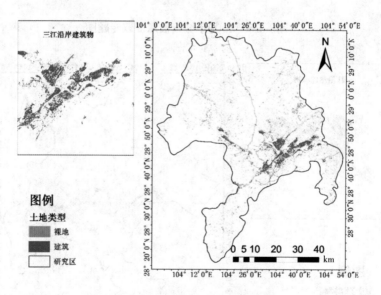

图3-29　2020年城镇信息提取专题图

3.3.4　城镇变迁及特征分析

（1）城镇建筑物整体变化特征分析

基于提取的1988年、1992年、1999年、2002年、2007年、2009年、

2017年、2019年、2020年9期研究区建筑信息专题数据，为了避免受到一些裸土信息的干扰，将其大于4个像元（大于3600m²）的建筑物信息转化为矢量数据，进行统计分析，如表3-10所示。

表3-10　1988—2020年建筑信息数据表

日期	图斑数量／处	面积／m²
1988.06.02	275	11623611.076094
1992.09.01	395	19868619.357021
1999.09.21	278	22700744.990222
2002.08.28	383	30762683.632421
2007.09.19	222	30895092.355204
2009.08.31	402	30566782.632751
2017.08.05	676	46313601.10861
2019.08.11	1036	46503987.837808
2020.07.28	1187	51278243.893207

分析表3-10可知，在将近30年内，研究区建筑区面积呈持续增加趋势，大于3600m²的图斑数量在1988—2008年间呈现增加—减少—增加的趋势，而在2009年之后，呈现持续增加趋势。

（2）基于密度的城镇扩张特征分析

利用公式（3-2），采用单位网格（1km×1km）内建筑面积（m²）密度来表征、分析大于4个像元（3600m2）区域建筑的变化特征，建筑物密度单位为m²/km²。在Arcgis10.2平台中利用Kernel　Density工具生成1988年、1992年、1999年、2002年、2007年、2009年、2017年、2019年、2020年九期建筑物密度数据并依照表3-11分类标准进行五级分类，得到建筑物密度等级专题图，如图3-30—3-38所示。

表3-11　1988—2020年建筑密度数据分类标准

序号	分类标准／（m²/km²）	分类标准／（km²/km²）
1	0~25000	0~0.025
2	25000~100000	0.025~0.100
3	100000~200000	0.100~0.200

续表

序号	分类标准/（m²/km²）	分类标准/（km²/km²）
4	200000~300000	0.200~0.300
5	300000~600000	0.300~0.600

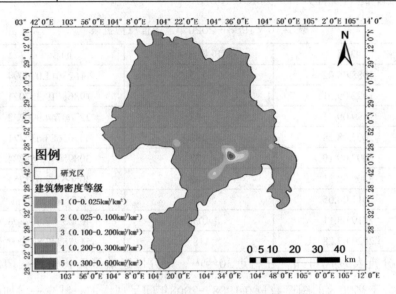

图3-30　1988年建筑物密度等级专题图

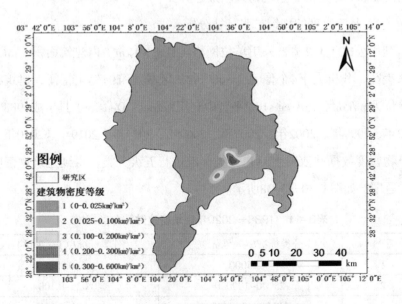

图3-31　1992年建筑物密度等级专题图

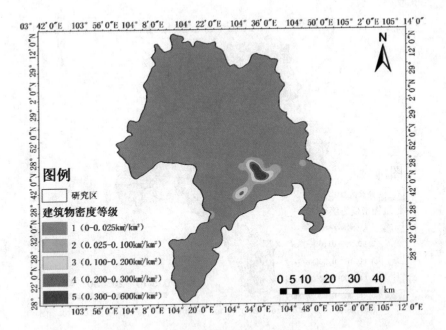

图3-32 1999年建筑物密度等级专题图

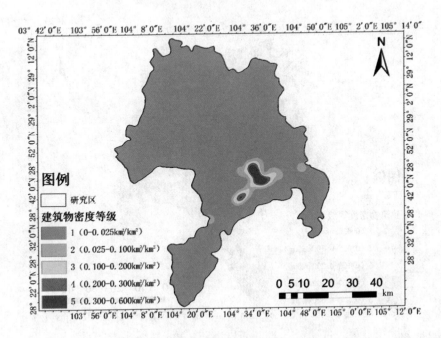

图3-33 2002年建筑物密度等级专题图

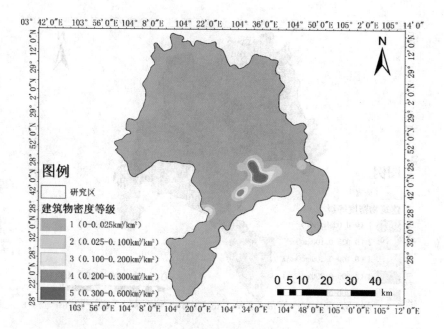

图3-34 2007年建筑物密度等级专题图

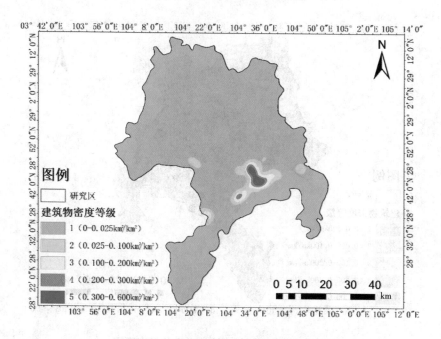

图3-35 2009年建筑物密度等级专题图

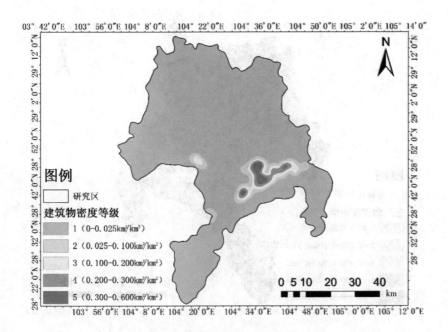

图3-36　2017年建筑物密度等级专题图

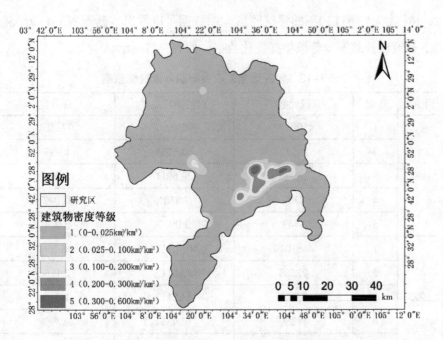

图3-37　2019年建筑物密度等级专题图

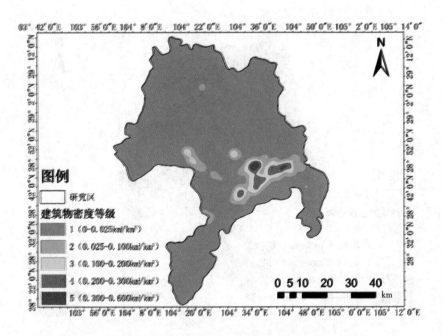

图3-38 2020年建筑物密度等级专题图

根据以上超过30年的建筑密度专题数据可以看出，基于表3-11分类标准，研究区建筑密度等级年度变化数据，如表3-12所示。

表3-12 研究区建筑密度等级年度变化数据

年度	等级	像元数	对应面积/km²	百分比
1988	1	4509897	4058.9073	97.32%
	2	89282	80.3538	1.93%
	3	22979	20.6811	0.50%
	4	8709	7.8381	0.19%
	5	3443	3.0987	0.07%
1992	1	4461014	4014.9126	96.26%
	2	97568	87.8112	2.11%
	3	48013	43.2117	1.04%
	4	18259	16.4331	0.39%
	5	9456	8.5104	0.20%

年度	等级	像元数	对应面积/km²	百分比
1999	1	4452483	4007.2347	96.08%
	2	102343	92.1087	2.21%
	3	41549	37.3941	0.90%
	4	17692	15.9228	0.38%
	5	20243	18.2187	0.44%
2002	1	4409091	3968.1819	95.14%
	2	115295	103.7655	2.49%
	3	51524	46.3716	1.11%
	4	26598	23.9382	0.57%
	5	31802	28.6218	0.69%
2007	1	4406991	3966.2919	95.09%
	2	124406	111.9654	2.68%
	3	49822	44.8398	1.08%
	4	23208	20.8872	0.50%
	5	29883	26.8947	0.64%
2009	1	4380005	3942.0045	94.51%
	2	152739	137.4651	3.30%
	3	53075	47.7675	1.15%
	4	22988	20.6892	0.50%
	5	25503	22.9527	0.55%
2017	1	4293365	3864.0285	92.64%
	2	154492	139.0428	3.33%
	3	93378	84.0402	2.01%
	4	55343	49.8087	1.19%
	5	37732	33.9588	0.81%
2019	1	4261890	3835.701	91.96%
	2	182608	164.3472	3.94%
	3	101763	91.5867	2.20%
	4	72087	64.8783	1.56%
	5	15962	14.3658	0.34%

年度	等级	像元数	对应面积/km²	百分比
2020	1	4183767	3765.3903	90.28%
	2	247473	222.7257	5.34%
	3	119684	107.7156	2.58%
	4	69091	62.1819	1.49%
	5	14295	12.8655	0.31%

基于表3-11，绘制研究区密度最低区域的年度变化曲线如图3-39所示。

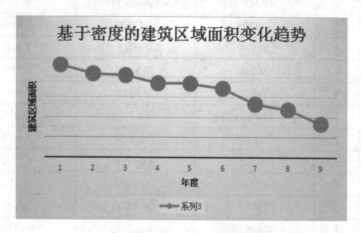

图3-39　研究区密度最低区域的年度变化曲线

基于表3-12，绘制研究区密度等级2-5级区域的年度变化曲线如图3-40所示。

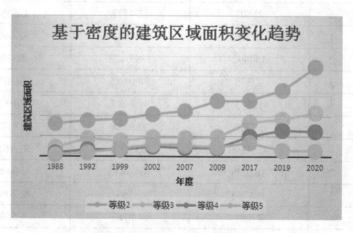

图3-40　研究区密度等级2-5级区域的年度变化曲线

结合图3-39、图3-40分析可知，研究区自1988—2020年的30多年期间，研究区密度最低区域呈减少趋势，而建筑面积密度大于0.025km²/km²区域总体呈增加趋势，因此，可以判定研究区城市建筑面积一直呈上升趋势。其中，等级2（密度为0.025~0.100km²/km²）区域呈上升趋势，表明城市边界呈扩展趋势；等级3、4（密度为0.100~0.300km²/km²）区域呈上升趋势，表明城市中心区域的建设也呈现增长趋势；等级5区域呈面积增多、数量增加趋势，与城市核心区域位置的变化相符，如图3-41所示。

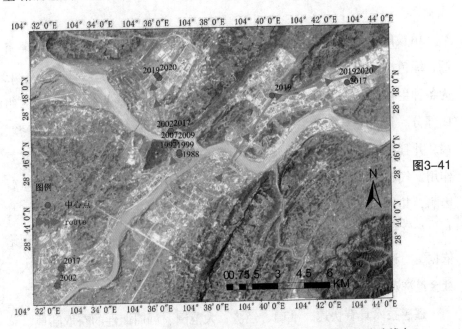

图3-41 研究区密度最高区域（核心区）的年度扩展趋势（路线）

由图3-41可以看出，研究区建筑物自1988年开始，沿着三江交汇口（岷江、金沙江、长江交汇）分三条主线从中心区域（老城区）向西北方向（上江北）、东北（下江北—临港区）、东部（南岸）扩展，形成了多个核心共同发展的格局。

3.3.5 本章小结

通过对宜宾市翠屏区1988年到2020年近三十年跨度的建筑物分布情况

进行分析，可看出五粮液核心区城市发展迅速，城市建筑面积密度逐渐增高，且呈现多中心并发增长的趋势，形成了3个以上的中心区域。高速的发展意味着城市资源、土地、空气等涉及生态环境的因子的过度利用，如何更好保护该区域的生态环境、实现人口、经济、环境保护协调发展成为制约该区域发展的重要因素。

3.4　核心区植被变化监测分析

植被既是陆地生态系统的主体，也是人类重要的环境资源和物质资源，绿色植被在地球的能量转换和物质转换中起着巨大而独特的作用，它为各种生物提供适宜的栖身场所和食物。植被作为自然生态系统的重要组成部分，通过光合作用、呼吸作用与生物圈的其他自然要素形成紧密联系，并且在生态系统的物质循环、能量流动与信息传输等方面发挥着重要作用。气温、降水、海拔以及人类活动等环境因素均对植被生长产生重要影响，其中植被生长对气候变化尤为敏感。因此，研究植被动态变化及其与自然环境、人类活动因素的响应机制，可以为全球变化提供重要的理论依据，对评价区域环境质量与维护生态平衡具有重要的现实意义，对人类社会经济建设与生态环境保护也具有相当的借鉴意义。

遥感技术具有快速、准确、经济、大范围、可周期性的获取陆地、海洋和大气资料的能力，是获取地球信息的高新技术手段，在植被研究中也发挥了巨大的作用。常用的方法是结合不同波长范围的反射率来增强植被特征，如植被指数（vegetation indices，VI）的计算，通过分析不同植被指数可以评估植被健康等。

最早的植被指数是利用原始卫星数字（DN）编制的，没有转换为反射率、大气校正和传感器校正。两种以比率形式出现的指数——比率植被指数（RVI）和植被指数数目（VIN），用于估算和监测植被覆盖。

$$RVI=R/NIR \qquad (3-16)$$
$$NIN=NIR/R \qquad (3-17)$$

其中R为红色通道平均反射率，NIR为近红外通道平均反射率。这些指数增强了地面与植被之间的对比；它们受光照条件影响较小，但对地面光学特性比较敏感。两个波段的反射率之间的关系可以消除以同样方式影响每个波段辐射的因素的干扰。研究表明，RVI指数对大气影响比较敏感，当植被密度较低（小于50%）时，RVI指数的判别能力较弱，而当植被密度较大时，RVI指数的判别能力最好。

最常用的植被指数是归一化植被指数（NDVI）。NDVI计算可以将多光谱数据变换成一个单独的图像波段，用于显示植被分布。较高的NDVI值预示着包含较多的绿色植被。其归一化的差异配方以及叶绿素最高吸收和反射率区域的使用相结合，使其在各种条件下均具有较强的稳定性。计算公式如下：

$$NDVI=（NIR-R）/（NIR+R） \qquad (3-18)$$

近几年遥感技术作为主要的植被指数研究方法，越来越受到重视，很多学者也都进行了较好的研究，并取得了丰硕成果。植被覆盖度的研究为区域环境状况的了解提供了科学的技术手段，是检测一个地区环境好坏的指标。

3.4.1　核心区植被信息提取

（1）植被信息提取方法

在五粮液核心区，利用卫星遥感数据直接获取精确的NDVI等指数较难，原因如下：

（1）该区域云雾较多，不容易获取历年的同一时相下的单期卫星影像数据，导致研究基础的不统一，基于此的植被状况分析必然误差较大；

（2）同样，由于气象条件的原因，该区域每年较难获取代表不同月份植被状况的多期卫星数据，因此，基于平均植被指数数据也难获取。

综上，本文基于现有的数据条件，将土壤和植被综合考虑，扣除水体、不透水面（城镇建筑物面）、裸土（可能包含岩石、河滩、道路等）等无植被覆盖区后，分析剩余区域（可能包括土壤和植被，统一称为植被覆盖区域）的变化规律，植被信息提取流程见图3-42所示，以此反映研究区植被变化特征，从而了解研究区的生态环境状况。

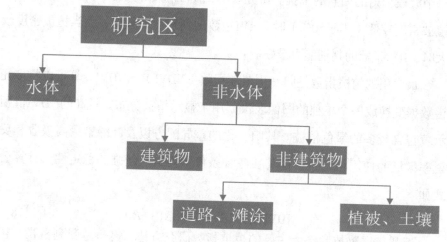

图3-42　研究区植被信息提取流程

（2）植被信息提取结果

利用Arcgis10.2平台，结合本章3.1节地表因子提取数据，依据图3-42流程，扣除水体、建筑物信息后，得到包括道路、滩涂、植被、土壤信息数据。根据图3-4（基于决策树的地表因子提取模型），植被类型包括"Crop农田"，"Froest：森林"，"Gras：草地"，道路、滩涂等归为其他类型，土壤信息标识为Soil，提取的1988年、1992年、1999年、2007年、2009年、2017年、2019年、2020年份的植被覆盖区域地表信息如下图3-43、3-44、3-45、3-46、3-47、3-48、3-49、3-50、3-51所示。

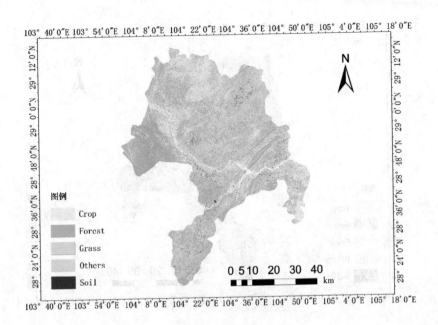

图3-43　1988年植被覆盖区域地表信息

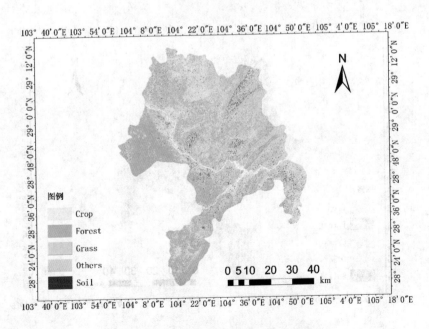

图3-44　1992年植被覆盖区域地表信息

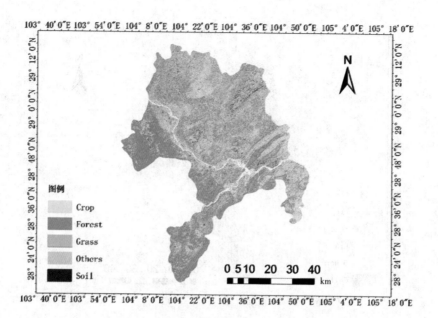

图3-45　1999年植被覆盖区域地表信息

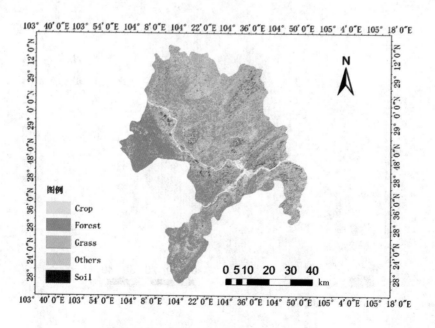

图3-46　2002年植被覆盖区域地表信息

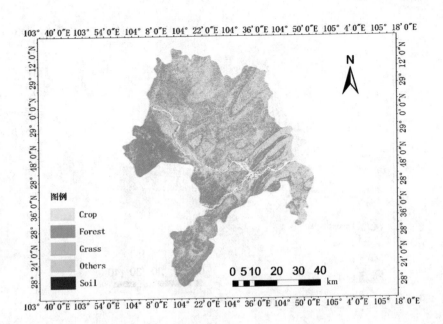

图3-47 2007年植被覆盖区域地表信息

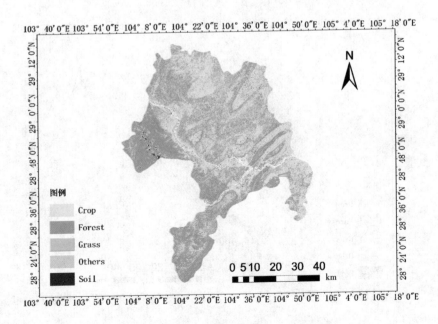

图3-48 2009年植被覆盖区域地表信息

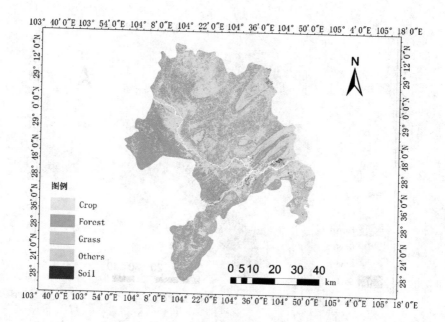

图3-49 2017年植被覆盖区域地表信息

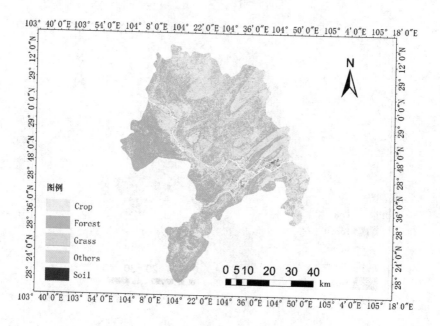

图3-50 2019年植被覆盖区域地表信息

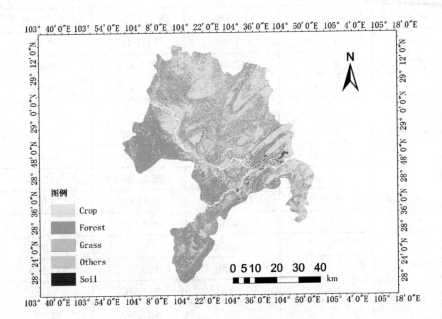

图3-51 2020年植被覆盖区域地表信息

3.4.2 核心区植被变化监测及其特征分析

（1）植被整体变化特征分析

基于提取的1988年、1992年、1999年、2002年、2007年、2009年、2017年、2019年、2020年研究区植被类型数据进行统计分析，如表3-13所示。

表3-13 1988—2020年植被类型数据表

数据时间	植被类型	栅格数	面积（km²）	面积占比
1988.06.02	Crop	1193258	1073.9322	27.62%
	Forest	1277875	1150.0875	29.58%
	Grass	1849216	1664.2944	42.80%
1992.09.01	Crop	1325045	1192.5405	31.11%
	Forest	1634832	1471.3488	38.39%
	Grass	1298987	1169.0883	30.50%

续表

数据时间	植被类型	栅格数	面积（km²）	面积占比
1999.09.21	Crop	1614930	1453.437	37.37%
	Forest	1679404	1511.4636	38.86%
	Grass	1026990	924.291	23.77%
2002.08.28	Crop	1412194	1270.9746	32.94%
	Forest	1720267	1548.2403	40.12%
	Grass	1154930	1039.437	26.94%
2007.09.19	Crop	2079766	1871.7894	46.69%
	Forest	1869230	1682.307	41.97%
	Grass	504958	454.4622	11.34%
2009.08.31	Crop	2229926	2006.9334	50.23%
	Forest	1876008	1688.4072	42.26%
	Grass	333157	299.8413	7.51%
2017.08.05	Crop	2301553	2071.3977	51.79%
	Forest	1877372	1689.6348	42.24%
	Grass	265314	238.7826	5.97%
2019.08.11	Crop	2357945	2122.1505	53.21%
	Forest	1892728	1703.4552	42.71%
	Grass	180538	162.4842	4.07%
2020.07.28	Crop	2346552	2111.8968	53.10%
	Forest	1885751	1697.1759	42.67%
	Grass	186609	167.9481	4.22%

汇总表3-13数据，统计1988—2020提取的植被覆盖区域总面积及占比数据，如表3-14所示。

表3-14　1988—2020年植被类型数据表

数据时间	植被总面积（km²）	百分比
1988.06.02	3888.3141	42.00%
1992.09.01	3832.9776	41.40%
1999.09.21	3889.1916	42.01%
2002.08.28	3858.6519	41.68%

续表

数据时间	植被总面积（km²）	百分比
2007.09.19	4008.5586	43.30%
2009.08.31	3995.1819	43.16%
2017.08.05	3999.8151	43.21%
2019.08.11	3988.0899	43.08%
2020.07.28	3977.0208	42.96%

　　分析表3-14可知，在将近30年内，研究区植被总面积整体呈现持续增加趋势，但是整体增长幅度较小，最高不超过1.3%。其中，1988—2002年期间，变化不大且呈上下波动，2002—2007年间增加幅度较大，而在2009年之后，呈现小幅度渐少趋势，如图3-52所示。

图3-52　1988—2020年植被覆盖区域面积占比变化曲线

　　但是，在农田、森林、草地三种类型植被面积变化较大，如图3-53所示。其中，草地整体呈减少幅度较大，从42.80%持续减少到4.22%，森林面积有所增加，但增长幅度不大，农田面积增加最为显著。

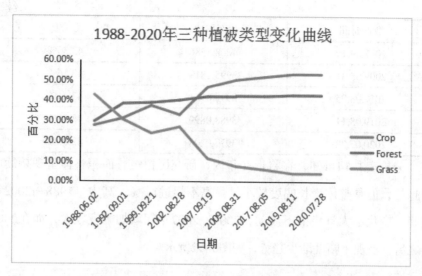

图3-53　1988—2020年农田、森林、草地覆盖区域面积占比变化曲线

3.5　本章小结

本章基于决策树模型提取五粮液核心区地表水体、植被、城镇建筑物等信息，分析了1988—2020年间各地表因子变化特征及规律，得出了如下结论：

（1）在将近30年内，研究区地表覆盖变化相对较大，导致提取的水体数据量、总长度变化较大，但是，水体面积变化很小。其中，水体面积密度显著增加区域面积占比为22.06%，显著减少区域面积占比最小，为6.69%。研究表明：显著减少区域主要分布在研究区的三江汇合区域沿岸，为城市发达区域；显著增加区域主要位于研究区的河湾冲积区域。

（2）通过对宜宾市翠屏区1988年到2020年近三十年跨度的建筑物分布情况进行分析，可看出五粮液核心区城市发展迅速，城市建筑面积密度逐渐增高，且呈现多中心并发增长的趋势，形成了3个以上的中心区域。

（3）在将近30年内，研究区植被总面积整体呈现持续增加趋势，但是整体增长幅度较小，最高不超过1.3%。但是，在农田、森林、草地三种类型植被的相对面积变化较大，其中，草地整体呈减少幅度较大，从42.80%持续减少到4.22%，森林面积有所增加，但增长幅度不大，农田面积增加最为显著。

　　分析上述数据可知，随着五粮液核心区城市建设的高速发展，城区周围植被、地表水体等资源过度利用，不可避免地带来了生态环境保护问题。如何更好保护该区域的生态环境，实现人口、经济、环境保护协调发展成为该区域未来发展的关键因素。

第四章 核心区生态环境质量评价

在分析地表水体、城镇建筑物、植被等主要因子1988—2020年间的变化规律基础上,本章基于遥感指数进行研究区生态环境质量评估,从更加宽阔的视角来衡量研究区生态环境特征。

4.1 技术路线

以五粮液核心区农业资源环境及演变过程为研究对象,借助适合宏观监测的遥感技术,选取适合研究区的遥感监测指数,以多期卫星影像数据提取相应的监测指标,评价并分析各遥感监测指标对研究区生态环境质量表达的适宜程度,构建生态环境质量监测模型,以宏观视角分析与五粮液核心区高粱、水稻、糯稻、小麦和玉米等五种作物相关的植被、水、土壤、大气、温度等分布特征、变化规律。

4.2 评价指标选取与计算

4.2.1 评价指标选取

针对基于遥感的生态环境质量监测与评价,国内很多人选取了能够反映生态环境质量的绿度、湿度、热度、干度指数作为主要评价指标,本节拟选用NDVI(归一化植被指数)、Wet(湿度指数)、LST(陆地地表温度)、NDBSI(建筑-裸土指数)四个可以直接利用遥感数据计算、提取的指数来分别表达绿度、湿度、热度、干度四类生态环境质量评价指标,各指标计算方法如下。

4.2.1.1　归一化植被指数NDVI

植被指数是反映绿色植被的相对丰度和活性的辐射量值，常被用作描述植被生理状况，以及估测土地覆盖面积的大小、植物光合能力、叶面积指数、现存绿色生物量、植被生产力等等。目前已提出的植被指数有20余种，常用的主要包括归一化植被指数（NDVI）、比值植被指数（RVI）、差值植被指数（DVI）、正交植被指数（PVI）、土壤调节植被指数（SAVI）、修正的土壤调节植被指数（MSAVI）等。

归一化植被指数（Normalized Difference Vegetation Index，NDVI）的遥感反演是以晴空状态下的地表反射为输入，预先合成多天晴空状态的地表反射率，并进行去云及其他噪音处理，采用改进的最小可见光波段选择的合成算法，既能有效消除云的影响，也能有效消除云阴影的影响。

归一化植被指数是反映农作物长势和营养信息的重要参数之一，可以很好的反应植被的生长状态。因此选用NDVI代表绿度指标，可以将多光谱数据变换成一个单独的图像波段，用于显示植被分布。较高的NDVI值预示着包含较多的绿色植被。计算公式如下：

$$NDVI = \frac{\rho_{nri} - \rho_{red}}{\rho_{nri} + \rho_{red}} \tag{4-1}$$

式中ρnir为近红外波段，ρ_{red}为红波段，NDVI即为归一化植被指数，其值介于0~1之间。

4.2.1.2　湿度指标Wet

缨帽（Kauth-Thomas）变换旨在对各种卫星传感器系统检测到的植被现象和城市发展变化进行分析和制图。基于数据的图形分布形状，我们将这种变换称为缨帽变换。

变换以作物生命周期函数的形式，提供了在农业区的Landsat MSS 数据中所发现的模式的基本原理。从本质上讲，在作物从种子生长到成熟的过程中，根据土壤颜色的不同，近红外存在净增加，而红光反射会减少。

这种变换的实际应用已从监控作物延伸到植被的分析和制图，从而可以支持各种应用，例如林业、工业植被管理、生态系统制图和管理、碳隔离和限额的储备和监测、城市开发等等。它还从支持 Landsat MSS 扩展到包括其他流行的卫星系统，比如 Landsat TM、Landsat ETM+、Landsat 8、IKONOS、QuickBird、WorldView-2 和 RapidEye 多光谱传感器。

根据多光谱遥感中土壤、植被等信息在多维光谱空间中信息分布结构对图像做的经验性线性正交变换。本章主要采用Landsat 5 TM数据和Landsat 8 OLI数据。对于Landsat 5 TM数据，缨帽变换结果由三个因子组成——亮度、绿度与第三分量（Third）。对于Landsat 8 OLI数据，缨帽变换生成六个输出波段，包括亮度、绿度、湿度、第四分量（噪声）、第五分量、第六分量，这种类型的变换对定标后的反射率数据的效果要比灰度值数据更好。

对于Landsat 5 TM数据。

$$\text{Wet}=0.0315\rho_{blut}+0.2021\rho_{green}+0.3102\rho_{red}+0.1594\rho_{nir}-0.6706\rho_{swir1}-0.6109\rho_{swir2}$$

$$（4-2）$$

对于Landsat 8 OLI数据。

$$\text{Wet}=0.1511\rho_{blue}+0.1973\rho_{green}+0.3283\rho_{red}+0.3407\rho_{nir}-0.7117\rho_{swir1}-0.4559\rho_{swir2}$$

$$（4-3）$$

式中，ρ_{blue}为蓝波段，ρ_{green}为绿波段，ρ_{red}为红波段，ρ_{nir}为近红外波段，ρ_{swir1}为短波红外1，ρ_{swir2}为短波红外2。由于图像在预处理阶段对反射率放大了10000倍，所以最终Wet值需要除以10000，其值介于0~1之间。

4.2.1.3　陆地地表温度LST

地表温度，就是地面的温度。太阳的热能被辐射到达地面后，一部分被反射，一部分被地面吸收，使地面增热，对地面的温度进行测量后得到的温度就是地表温度。地表温度还会由所处地点环境而有所不同。

陆地地表温度（Land Surface Temperature，LST）反演，目前主要有大气校正法、劈窗算法和单窗算法。

本文采用大气校正法反演地表温度，首先估计大气对地表热辐射的影响，然后把这部分大气影响从卫星传感器所观测到的热辐射总量中减去，从而得到地表热辐射强度，再把这一热辐射强度转化为相应的地表温度。

卫星传感器接收到的热红外辐射亮度L_λ由三部分组成：大气向上辐射亮度$L\uparrow$，地面的真实辐射亮度经过大气层之后到达卫星传感器的能量；大气向上辐射亮$L\downarrow$，大气向下辐射到达地面后反射的能量。卫星传感器接收到的热红外辐射亮度L_λ的表达式（辐射传输方程）如下：

$$L_\lambda = [\varepsilon B(T_S) + (1-\varepsilon)L\downarrow]\tau + L\uparrow \qquad （公式4-4）$$

式中ε为地表比辐射率，τ为大气在热红外波段的透过率T_S为地表真实温度（K），$B(T_S)$为黑体热辐射亮度。

τ、$L\uparrow$、$L\downarrow$均可根据遥感图像的元数据里的拍摄时间、中心经纬度，通过Landsat提供的网址（http：//atmcorr.gsfc.nasa.gov）查询获取，地表辐射ε可以根据Landsat用户手册以及Chander最新设定的定标参数进行计算，公式4-5、4-6、4-7、4-8、4-9如下所示。

$$P_v = \begin{cases} 0, NDVI < NDVI_S \\ NDVI\text{-}NDVI_S/NDVI_V - NDVI_S, NDVI_S \leq NDVI \leq NDVI_V \\ 1, NDVI > NDVI_V \end{cases} \qquad （4-5）$$

$$\varepsilon_{natural} = 0.9625 + 0.0461P_v - 0.0461P_v^2 \qquad （4-6）$$

$$\varepsilon_{building} = 0.9589 + 0.086P_v - 0.0671P_v^2 \qquad （4-7）$$

$$\varepsilon_{water} = 0.995 \qquad （公式4-8）$$

$$\varepsilon = (P_V < NDVIs)\varepsilon_{water} + (NDVIs \leq P_V \leq NDVI_V)\varepsilon_{building} + (P_V > NDVI_V)\varepsilon_{natural}$$

$$（公式4-9）$$

式中，F_V为植被覆盖率，$NDVI_s$为无植被覆盖范围NDVI值，$NDVI_v$为完全植被覆盖范围的NDVI值。确定这两个参数的值是关键，将直接影响到植被覆盖率F_v的估算结果。对NVDI统计直方图给定置信区间，取5%和95%频率的NDVI值分别为$NDVI_s$、$NDVI_v$。

$$B(TS) = [L_\lambda - L_\uparrow - \tau(1-\varepsilon)L_\downarrow]/\tau\varepsilon \qquad (4-10)$$

算出黑体热辐射亮度$B(T_s)$后，可以用普朗克公式的函数获取地表真实温度T_S。

$$T_S = K_2 / \ln(K_1 / B(T_S) + 1) \qquad (4-11)$$

$$LST = TS - 273.15 \qquad (4-12)$$

式中，K_1、K_2为定标参数。对于Landsat 5 TM Band6数据，K_1=607.76W/（$m^2 \cdot sr \cdot \mu m$），K_2=1260.56K。对于Landsat 8 OLI Band10数据，K_1=774.8853W/（$m^2 \cdot sr \cdot \mu m$），K_2=1321.0789K。

由上述公式可算得陆地地表温度，最得到的结果为热力学温度开式温度，将结果减去273.15，转换为摄氏度。

4.2.1.4 建筑——裸土指数NDBSI

基于遥感指数的建筑用地指数，该指数与其他指数不同的是，它不是直接采用原始影像的多光谱波段，而是采用由多光谱波段衍生的指数波段，因此将其称为基于指数的建筑用地指数（Index-based Built-up Index），简称IBI。

在城区中，通常用建筑物指数（IBI）和裸土指数（SI）来表征干度，二值的组合即为干度因子NDBSI，公式如下：

$$IBI = \frac{2\rho_{swir1}/(\rho_{swir1}+\rho_{nir})-[\rho_{nir}/(\rho_{nir}+\rho_{red})+\rho_{green}/(\rho_{green}+\rho_{swir1})]}{2\rho_{swir1}/(\rho_{swir1}+\rho_{nir})+[\rho_{nir}/(\rho_{nir}+\rho_{red})+\rho_{green}/(\rho_{green}+\rho_{swir1})]} \qquad （公式4-13）$$

$$SI\ SI = \frac{[(\rho_{swir1} + \rho_{red}) - (\rho_{nir} + \rho_{blue})]}{[(\rho_{swir1} + \rho_{red}) + (\rho_{nir} + \rho_{blue})]} \qquad （公式4-14）$$

$$NDBSI = (ISI + SI)/2 \qquad (4-15)$$

式中，ρ_{blue}、ρ_{green}、ρ_{red}、ρ{nir}、ρ_{swir1}、ρ_{swir2}分别为蓝色波段、绿色波段、

红色波段、近红外波段、短波红外1和短波红外2。NDBSI能够较好地分离建筑物、裸土和植被，提高了计算结果的可靠性。

4.2.2　评价指标计算

对研究区2002年、2009年、2011年、2019年四期遥感影像的多光谱文件分别做辐射定标、大气校正，使波段的DN值转换成传感器处的反射率，以及消除地物反射受大气和光照等因素产生的影响。经过上述预处理后，在ENVI5.3软件平台计算得到2002年、2009年、2011年、2019年四期NDVI、Wet、LST、NDBSI指数数据。

4.2.2.1　2002—2019年NDVI数据

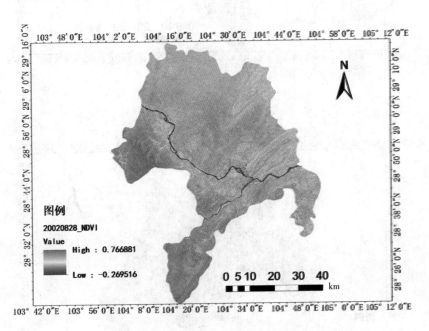

图4-1　2002年NDVI

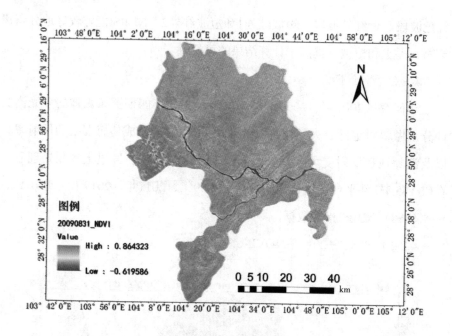

图4-2　2009年NDVI

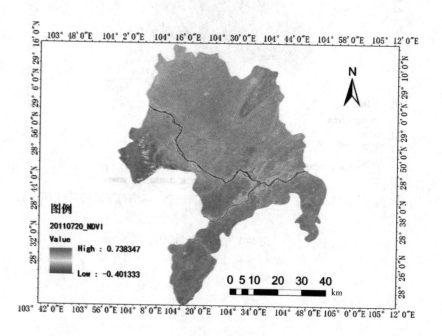

图4-3　2011年NDVI

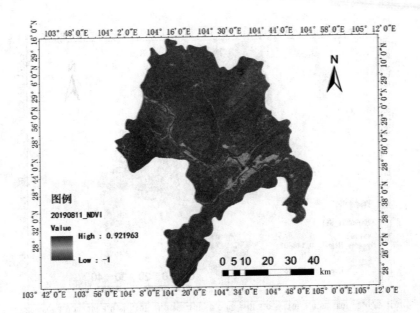

图4-4　2019年NDVI

4.2.2.2　2002—2019年Wet数据

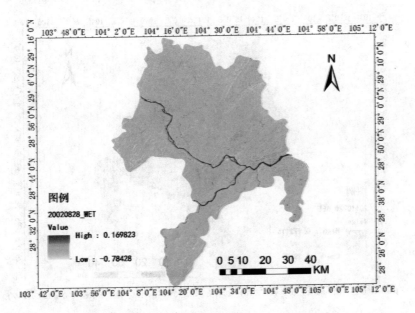

图4-5　2002年WEt

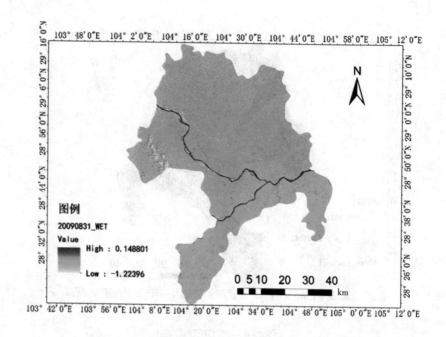

图4-6　2009年WET

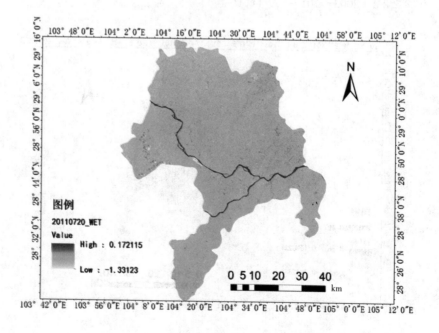

图4-7　2011年WET

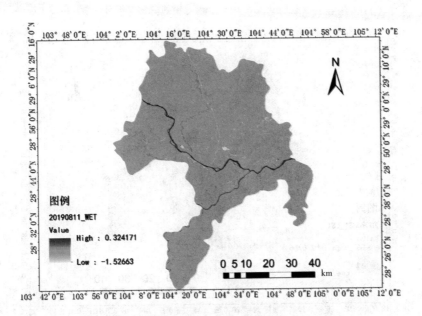

图4-8　2019年WEt

4.2.2.3　2002—2019年LST数据

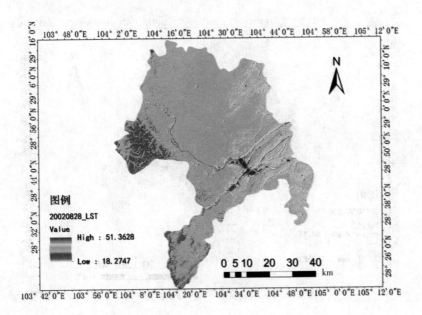

图4-9　2002年LST

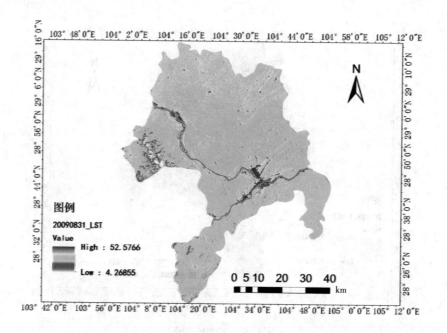

图4-10　2009年LST

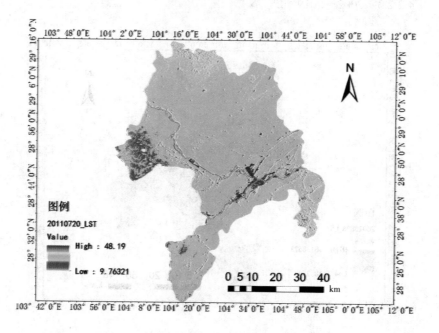

图4-11　2011年LST

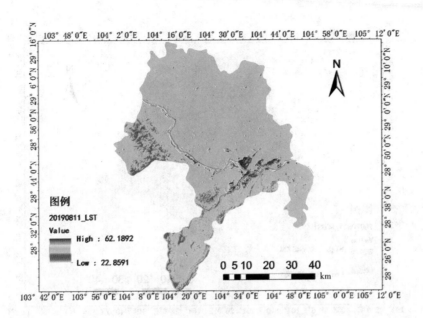

图4-12 2019年LST

4.2.2.4 2002—2019年NDBSI数据

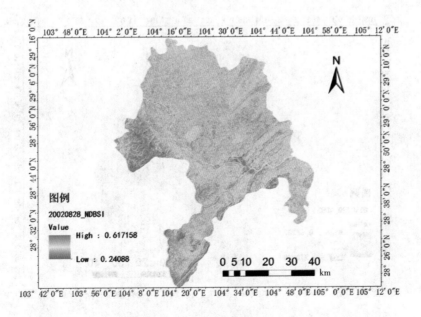

图4-13 2002年NDBSI

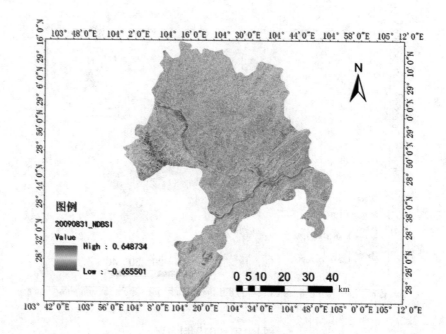

图4-14 2009年NDBSI

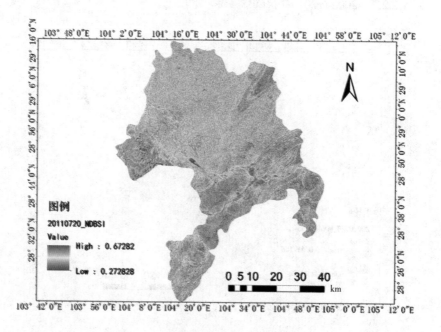

图4-15 2011年NDBSI

续表

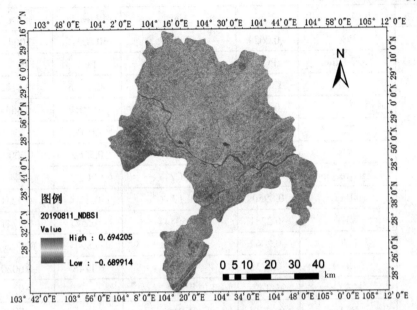

图4-16　2019年NDBSI

4.2.3　评价指标特征分析

将提取的2002年、2009年、2011年、2019年四期NDVI、Wet、LST、NDBSI指数数据按照年度分别叠置后，基于PCA（主成分分析）计算，计算结果如表4-1所示。

表4-1　PCA统计数据表

年度	Basic Stats	Min	Max	Mean	StdDev
2002	PC1	0.0000	1.0000	0.7104	0.1044
	PC2	0.0000	0.9959	0.6580	0.0548
	PC3	0.0000	1.0000	0.3142	0.0553
	PC4	0.0000	1.0000	0.4016	0.0666
	Covariance	PC1	PC2	PC3	PC4
	PC1	0.0109	−0.0027	−0.0021	−0.0029
	PC2	−0.0027	0.0030	−0.0003	−0.0017
	PC3	−0.0021	−0.0003	0.0031	0.0021

续表

年度	Basic Stats	Min	Max	Mean	StdDev
2002	PC4	−0.0029	−0.0017	0.0021	0.0044
	Correlation	PC1	PC2	PC3	PC4
	PC1	1.0000	−0.4652	−0.3676	−0.4142
	PC2	−0.4652	1.0000	−0.1017	−0.4684
	PC3	−0.3676	−0.1017	1.0000	0.5569
	PC4	−0.4142	−0.4684	0.5569	1.0000
	Eigenvectors	PC1	PC2	PC3	PC4
	NDVI	0.8950	−0.1737	−0.2514	−0.3251
	WET	−0.2281	0.6044	−0.3581	−0.6741
	LST	−0.2062	−0.2948	−0.8905	0.2785
	NDBSI	−0.3232	−0.7194	0.1248	−0.6020
	主成分	特征值	特征值贡献率（%）		
	PC1	0.0130	61.01%		
	PC2	0.0061	28.47%		
	PC3	0.0018	8.52%		
	PC4	0.0004	2.00%		
2009	Basic Stats	Min	Max	Mean	StdDev
	PC1	0.0000	1.0000	0.8274	0.0854
	PC2	0.0000	0.9949	0.8009	0.0313
	PC3	0.0000	1.0000	0.4664	0.0444
	PC4	0.0000	1.0000	0.8096	0.0381
	Covariance	PC1	PC2	PC3	PC4
	PC1	0.0073	−0.0007	0.0001	0.0002
	PC2	−0.0007	0.0010	−0.0001	−0.0004
	PC3	0.0001	−0.0001	0.0020	0.0008
	PC4	0.0002	−0.0004	0.0008	0.0015
	Correlation	PC1	PC2	PC3	PC4
	PC1	1.0000	−0.2671	0.0348	0.0705
	PC2	−0.2671	1.0000	−0.1078	−0.3755
	PC3	0.0348	−0.1078	1.0000	0.4885

续表

年度	Basic Stats	Min	Max	Mean	StdDev
	PC4	0.0705	−0.3755	0.4885	1.0000
	Eigenvectors	PC1	PC2	PC3	PC4
	NDVI	0.9914	−0.1148	0.0352	0.0519
	WET	−0.0816	−0.1968	0.7716	0.5994
	LST	0.0834	0.6723	0.5551	−0.4825
2009	NDBSI	0.0592	0.7043	−0.3086	0.6365
	主成分	特征值	特征值贡献率（%）		
	PC1	0.0074	63.19%		
	PC2	0.0026	22.54%		
	PC3	0.0011	9.31%		
	PC4	0.0006	4.96%		
	Basic Stats	Min	Max	Mean	StdDev
	PC1	0.0000	1.0000	0.7157	0.0860
	PC2	0.0000	1.0000	0.8012	0.0274
	PC3	0.0000	1.0000	0.4643	0.0485
	PC4	0.0000	1.0000	0.3297	0.0693
	Covariance	PC1	PC2	PC3	PC4
	PC1	0.0074	−0.0001	−0.0008	−0.0029
	PC2	−0.0001	0.0008	−0.0003	−0.0014
	PC3	−0.0008	−0.0003	0.0024	0.0015
2011	PC4	−0.0029	−0.0014	0.0015	0.0048
	Correlation	PC1	PC2	PC3	PC4
	PC1	1.0000	−0.0519	−0.1947	−0.4809
	PC2	−0.0519	1.0000	−0.2131	−0.7335
	PC3	−0.1947	−0.2131	1.0000	0.4457
	PC4	−0.4809	−0.7335	0.4457	1.0000
	Eigenvectors	PC1	PC2	PC3	PC4
	NDVI	0.7957	0.0841	−0.2083	−0.5625
	WET	−0.5816	0.3435	−0.3847	−0.6291
	LST	0.0476	−0.2632	−0.8942	0.3591

年度	Basic Stats	Min	Max	Mean	StdDev
2011	NDBSI	0.1620	0.8976	−0.0955	0.3987
	主成分	特征值	特征值贡献率（%）		
	PC1	0.0096	62.86%		
	PC2	0.0038	25.03%		
	PC3	0.0017	11.19%		
	PC4	0.0001	0.92%		
2019	Basic Stats	Min	Max	Mean	StdDev
	PC1	0.0000	1.0000	0.8886	0.0861
	PC2	0.0000	1.0000	0.8054	0.0351
	PC3	0.0000	1.0000	0.2713	0.0476
	PC4	0.0000	1.0000	0.7550	0.0441
	Covariance	PC1	PC2	PC3	PC4
	PC1	0.0074	0.0014	−0.0015	−0.0013
	PC2	0.0014	0.0012	0.0000	0.0005
	PC3	−0.0015	0.0000	0.0023	0.0012
	PC4	−0.0013	0.0005	0.0012	0.0019
	Correlation	PC1	PC2	PC3	PC4
	PC1	1.0000	0.4563	−0.3751	−0.3293
	PC2	0.4563	1.0000	0.0266	0.3449
	PC3	−0.3751	0.0266	1.0000	0.5543
	PC4	−0.3293	0.3449	0.5543	1.0000
	Eigenvectors	PC1	PC2	PC3	PC4
	NDVI	0.9244	0.1603	−0.2714	−0.2147
	WET	0.2485	0.4250	0.5944	0.6358
	LST	−0.1899	0.4588	−0.7378	0.4573
	NDBSI	−0.2182	0.7637	0.1694	−0.5835
	主成分	特征值	特征值贡献率（%）		
	PC1	0.0084	65.31%		
	PC2	0.0029	22.55%		
	PC3	0.0011	8.72%		
	PC4	0.0004	3.42%		

分析表4-1中第一主成分（PC1）可知：

（1）在2002、2009、2011、2019这四个年份中，PC1 的特征值贡献率分别为61.01%、63.19%、62.86%、65.31%，PC1集中了4个指标的大部分特征；

（2）对于PC1而言，4个指标对其均有一定的贡献度，统计NDVI、WET、LST、NDBSI四个指标对PC1的贡献度，如表4-2所示。

表4-2　按年度分类的指标对PC1贡献度

Eigenvectors	PC1			
	2002年	2009年	2011年	2019年
NDVI	0.8950	0.9914	0.7957	0.9244
WET	−0.2281	−0.0816	−0.5816	0.2485
LST	−0.2062	0.0834	0.0476	−0.1899
NDBSI	−0.3232	0.0592	0.1620	−0.2182

1）在四个年份中，NDVI均为正值，分别为0.8950、0.9914、0.7957、0.9244；

2）WET在2002年、2009年、2011年为负值，在2019年为正值，分别为−0.2281、−0.0816、−0.5816、0.2485；

3）LST在2002年、2019年为负值，在2009年、2011年为正值，分别为−0.2062、0.0834、0.0476、−0.1899；

4）NDBSI在2002年、2019年为负值，在2009年、2011年为正值，分别为−0.3232、0.0592、0.1620、−0.2182；

5）综合分析NDVI、WET、LST、NDBSI四个指数对PC1的贡献可知，NDVI对PC1起正向作用，且NDVI的贡献很大；WET、LST、NDBSI对PC1的影响在各年度中有正有负，但是，总体而言，WET对PC1的影响相对较大，而LST和NDBSI的影响相对较小。

4.3 生态环境质量评价模型构建

4.3.1 生态环境质量评价模型介绍

4.3.1.1 RESI指数模型

遥感生态指数（Remote Sensing Ecological Index，RSEI）模型基于遥感技术，耦合了反演得到的植被指数、湿度指数、地表温度和建筑物–裸土指数，能对区域环境进行快速监测和评价，可实现对区域生态环境变化的可视化、时空分析及变化趋势预测。基于遥感影像波段组合与运算，可以从快速提取RSEI模型所需的植被指数、湿度指数、地表温度和建筑物–裸土指数因子，RSEI模型公式4–16如下所示。

$$RSEI = f(Greenness，Wetness，Heat，Dryness) \quad （4-16）$$

式中，Greenness为绿度；Wetness为湿度；Heat为热度；Dryness为干度。

$$RESI = f(NDVI，Wet，LST，NDBSI) \quad （4-17）$$

式中，NDVI为归一化植被指数；Wet为湿度指标；LST为陆地地表温度；NDBSI为建筑–裸土指数。

在对NDVI、Wet、LST、NDBSI这4个指数反演之后，需要对其进行归一化操作，将值划归到[0，1]，从而统一量纲，避免后续的主成分分析（PCA）失衡。PCA（principal components analysis）是运用降维的思想，把多指标转化为少数几个综合指标。它是一个线性变换，在降低维数的同时保持数据集的对方差贡献最大的特征，归一化公式如下：

$$BI_i = \frac{I_i - I_{min}}{I_{max} - I_{min}} \quad （4-18）$$

式中，BI_i为某个指数归一化后的像元值，I_i为某个指数像元值，I_{min}、I_{max}分别为该指数像元的最小值与最大值。

将归一化后的4类图层进行波段融合，再对其进行PCA分析，提取第一主成分PC1，作为初始的生态指数RSEI$_0$。

为了比较不同地区、时间的指标，对RSEI$_0$再次归一化操作，如公式如下：

$$RSEI=\frac{RSEI_0-RSEI_{0\_min}}{RSEI_{0\_max}-RSEI_{0\_min}} \qquad (4-19)$$

式中，RSEI$_{0\_min}$、RSEI$_{0\_max}$分别为RSEI$_0$的最小值与最大值，RSEI为遥感生态指数，其值介于0~1之间，越接近1生态越好，反之生态越差。

4.3.1.2 植被覆盖度模型

通过PCA（主成分分析）计算分析2002、2009、2011、2019年四期NDVI、Wet、LST、NDBSI指数数据，PC1占比超过60%，而NDVI在PC1中的影响最大，其特征值分别为0.8950、0.9914、0.7957、0.9244，远大于其他三个指数（Wet、LST、NDBSI）。因此，利用NDVI指数来表示研究区的生态环境特征具有可行性。而植被覆盖度和NDVI之间存在极显著的线性相关关系，本章节拟构建植被覆盖度模型来描述生态环境特征。

像元二分模型因其对影像辐射校正影响不敏感，计算简便，被广泛应用于计算植被覆盖度。本文采用像元二分模型估算植被覆盖度，假设每个像元的NDVI值可以由植被和土壤两部分合成，公式如下：

$$NDVI=NDVI_vC_i+NDVI_s(1-C_i) \qquad (4-20)$$

C_i的算式如下：

$$C_i=(NDVI-NDVI_s)/(NDVI_v-NDVI_s) \qquad (4-21)$$

式中，NDVI$_v$为植被覆盖部分的NDVI值，NDVI$_s$为土壤部分的NDVI值，C_i为植被覆盖度。

NDVI$_v$和NDVI$_s$的取值是像元二分模型应用的关键。对于纯裸地像元，NDVI$_s$理论上应该接近于0，且不随时间的变化而变化。但实际上由于大气条件、地表湿度以及太阳光照条件等因素的影响，NDVI$_s$并不是一个定值，其变化范围一般为-0.1~0.2。对于纯植被像元来说，植被类型及其构成、植被的空间分布和植被生长的季相变化都会造成NDVI$_v$值的时空变异。目前不同研究对NDVI$_v$和NDVI$_s$的取值方法有较大差别，通常根据整幅影像上NDVI的灰度分布，以5%置信度截NDVI的上下限阈值分别近似代NDVI$_v$和NDVI$_s$。

4.3.2　生态环境质量评价计算

4.3.2.1　RESI指数计算

依据公式4-19在ENVI5.3软件平台计算得到的2002年、2009年、2011年、2017年、2019年四期RSEI数据，根据研究区数据分布情况，采用表4-3所示的分级方法，将RSEI值由低到高划分为5个区间，各等级分别对应生态环境差、较差、中、良、优五个级别。

表4-3　RSEI等级划分表

序号	RESI区间	等级
1	[0.0, 0.4]	差
2	[0.4, 0.6]	较差
3	[0.6, 0.7]	中
4	[0.7, 0.8]	良
5	[0.8, 1.0]	优

依据表4-3，制作RESI专题图，如图4-17所示。

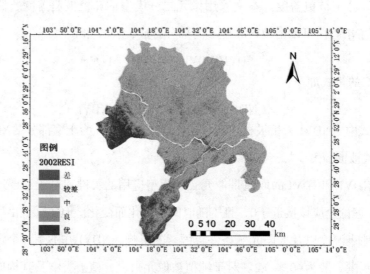

图4-17　2002年RESI专题图

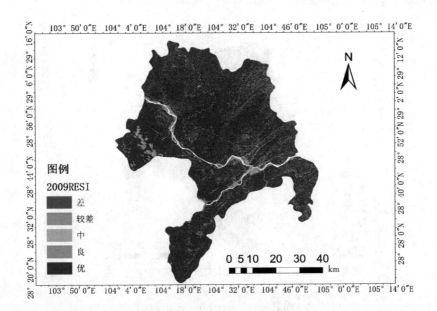

图4-18　2009年RESI专题图

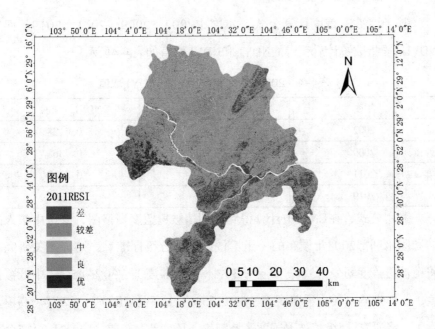

图4-19　2011年RESI专题图

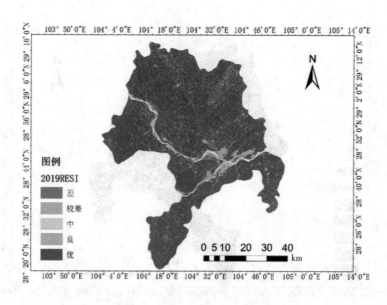

图4-20　2019年RESI专题图

4.3.2.2　植被覆盖度计算

基于植被覆盖度计算公式，本文中2002、2009、2011、2019年四期 NDVI植被指数统计后获得的$NDVI_v$和$NDVI_s$取值如表4-4所示。

表4-4　2002—2019年$NDVI_v$和$NDVI_s$取值

年度	$NDVI_s$（5%）	$NDVI_v$（95%）
2002	0.2588	0.6124
2009	0.3406	0.7363
2011	0.2378	0.5417
2019	0.3341	0.8465

利用公式，在ENVI中计算得到四期植被覆盖度栅格图，参考中华人民共和国水利部2008年颁布的《土壤侵蚀分类分级标准》，结合相关研究，将植被覆盖度划分为5个等级：<30%（低覆盖度）、30%~45%（中低覆盖度）、45%~60%（中覆盖度）、60%~75%（中高覆盖度）、>75%（高覆盖度）。将研究区5级植被覆盖度区域与生态环境差、较差、中、良、优5个等级对应，由于研究区内水体面积大、年际变化小，且其植被覆盖度值较低，

按照上述标准划分的水体生态环境为差，与事实不符，因此，在扣除水体数据后各年度依据植被覆盖度表征的生态环境专题图如图4-21所示。

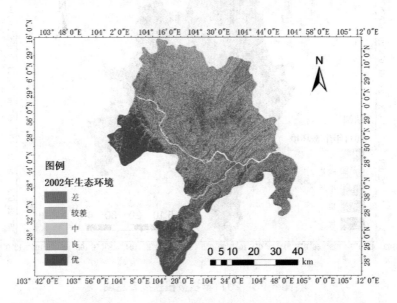

图4-21 2002年植被覆盖度专题图

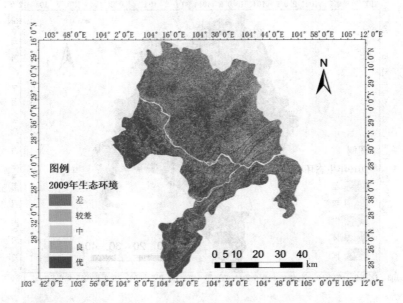

图4-22 2009年植被覆盖度专题图

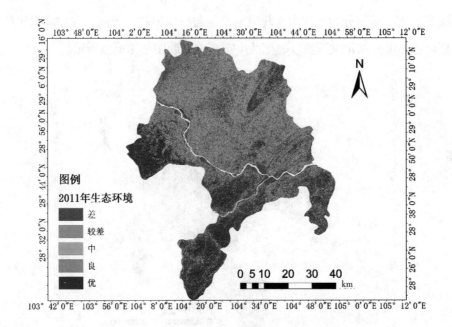

图4-23　2011年植被覆盖度专题图

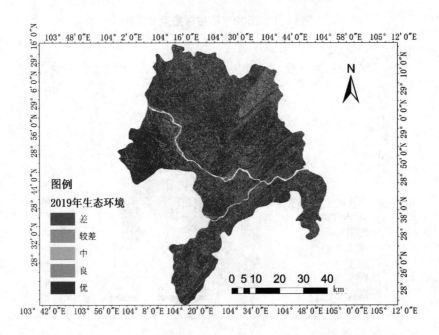

图4-24　2019年植被覆盖度专题图

4.4 核心区生态环境质量评价

依据RESI、植被覆盖度计算结果，统计2002年、2009年、2011年、2019年四个年度的差、较差、中、良、优五个等级所占研究区面积百分比，如表4-5、4-6所示。

表4-5 2002—2019年RESI统计表

年度	RESI					
	差	较差	中	良	优	均值
2002	1.57%	20.16%	36.37%	32.84%	9.06%	0.6713
2009	0.11%	1.43%	3.48%	14.92%	80.06%	0.8409
2011	1.46%	10.33%	37.82%	41.04%	9.35%	0.6927
2019	0.22%	2.68%	3.14%	11.92%	82.04%	0.8496
标准差	0.007813	0.086247	0.195152	0.140407	0.414896	0.094723

表4-6 2002—2019年植被覆盖度统计表

年度	植被覆盖度					
	差	较差	中	良	优	均值
2002	14.35%	11.93%	19.50%	23.44%	30.78%	0.5874
2009	9.07%	6.60%	11.87%	22.32%	50.14%	0.6804
2011	11.89%	13.24%	23.46%	23.43%	27.98%	0.5874
2019	7.18%	4.18%	8.43%	17.39%	62.82%	0.735
标准差	0.031496	0.043026	0.068828	0.02887	0.165214	0.072944

（1）基于RESI模型计算所得结果表明：2002—2019年研究区内RESI均值呈现增加—减少—增加的趋势；

（2）基于植被覆盖度的计算结果表明：2002—2019年研究区内植被覆盖度均值呈现增加-减少-增加的趋势；其中，差、较差、中、良四个级别区域占比均呈现减少-增加-减少的趋势，而优级占比呈现增加—减少—增加的趋势；

（3）综合分析两种结算模型所得结果表明，研究区内的生态环境质量在2002—2019年间呈现增–减–增的趋势，最终的生态环境质量呈上升趋势；

（4）用标准差来比较RESI模型与植被覆盖度的计算数据的偏离度，分析差、较差、中、良、优以及均值数据，RESI模型在研究区的计算结果年度变化差异均比植被覆盖度模型大。因此，可以认为在该研究内，植被覆盖度的计算结果更加可靠，选取基于植被覆盖度指数构建研究区的生态环境质量评价模型更合适。

4.5 本章小结

本章以五粮液核心区农业资源环境为研究对象，借助适合宏观监测的遥感技术，选取研究区归一化植被指数（NDVI）、湿度指数（WET）、陆地温度指数（LST）、建筑–裸土指数（NDBSI）四个遥感监测指数，以2002年、2009年、2011年、2019年四期卫星影像数据提取相应的监测指标，利用RSEI指数模型、植被覆盖度指数模型构建生态环境质量监测模型，以宏观视角分析五粮液核心区植被、水、土壤、温度等分布特征，并进行研究区生态环境质量等级区划，研究结果表明：研究区内的生态环境质量在2002—2019年间呈现增—减—增的趋势，最终的生态环境质量呈上升趋势。

第五章　核心区生态环境质量变迁及趋势分析

通过第四章的研究发现，基于植被覆盖度的计算模型可以较好地表征核心区的生态环境质量，在本章中将通过分析多年的植被覆盖度数据变化趋势来研究核心区生态环境变迁过程及变化趋势。

5.1　植被覆盖度变化趋势计算方法

植被覆盖年际间变化的显著性可以通过年时间序列和植被覆盖度的相关关系获得，正值代表植被覆盖度上升，负值代表植被覆盖度下降。以植被覆盖度为因变量、年度为自变量，建立一元线性方程，其中斜率反映植被覆盖度的变化趋势和快慢程度，一元线性方程如下：

$$Y_i = \theta T_i + b \qquad\qquad (5-1)$$

式中，Y_i为关注年限内的第 i 年植被覆盖度，T_i为相应年限内的第 i 年年号，θ为该年限内的植被覆盖度 Y_i 随 T_i 的倾向率（变化趋势率），θ计算公式如下：

$$\theta = \frac{n \times \sum_{i=1}^{n}(T_i \times Y_i) - \sum_{i=1}^{n} T_i \sum_{i=1}^{n} Y_i}{n \times \sum_{i=1}^{n} T_i^2 - (\sum_{i=1}^{n} T_i)^2} \qquad (5-2)$$

针对多年植被覆盖度一元线性回归方程，采用判定系数（Coefficient of Determination）R^2度量其拟合优度，计算过程如下：

（1）对于 m 个样本 (X_1, Y_1)，(X_2, Y_2)，…，(X_m, Y_m)，某模型的估计值为 $(X_1, \widehat{Y}_1)$，$(X_2, \widehat{Y}_2)$，…，$(X_m, \widehat{Y}_m)$，计算样本的平

方和TSS（Total Sum of Squares）：

$$TSS = \sum_{i=1}^{m} (Y_i - \overline{y})^2 \qquad （5-3）$$

式中，$\overline{y}$表示样本中Y_i的均值。

（2）计算残差平方和RSS（Residual Sum of Squares）：

$$TSS = \sum_{i=1}^{m} (\widehat{Y}_i - Y_i)^2 \qquad （5-4）$$

（3）定义$R^2 = 1-RSS/TSS$，即：

$$R^2 = 1 - \frac{\sum (\widehat{Y}_i - Y_i)^2}{\sum (Y_i - \overline{y})^2} \qquad （5-5）$$

5.2 核心区生态环境质量评价数据计算

5.2.1 植被覆盖度计算

在ENVI5.3中，统计各年度NDVI$_v$和NDVI$_s$取值（扣除水体后），如表5-1所示。

表5-1 1991—2020年NDVI$_v$和NDVI$_s$取值

年度	NDVI$_s$（5%）	NDVI$_v$（95%）
1991	0.2862	0.7960
1992	0.2627	0.7725
1993	0.3334	0.7350
1999	0.2862	0.7647
2002	0.2705	0.7803
2006	0.2705	0.6784
2007	0.3960	0.7803
2009	0.3960	0.8117

续表

年度	NDVI$_s$（5%）	NDVI$_v$（95%）
2011	0.3960	0.7960
2012	0.2549	0.7803
2014	0.3960	0.8666
2016	0.4196	0.8588
2017	0.4039	0.8745
2018	0.3568	0.8588
2019	0.4196	0.8980
2020	0.4039	0.8909

利用表5-1中的数据，在ENVI5.3中计算1991—2020年现有的16期植被覆盖度数据，植被覆盖度专题图如图5-1~5-16所示。

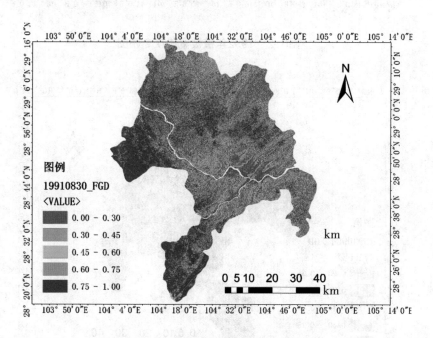

图5-1　1991年植被覆盖度专题图

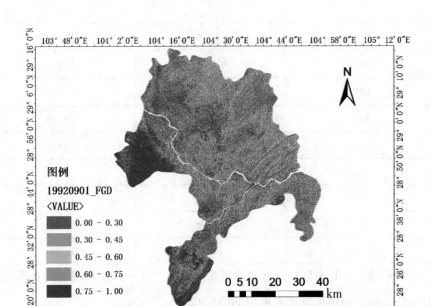

图5-2　1992年植被覆盖度专题图

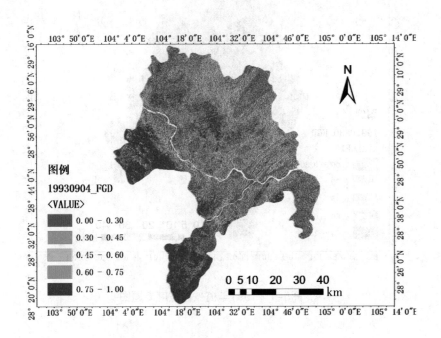

图5-3　1993年植被覆盖度专题图

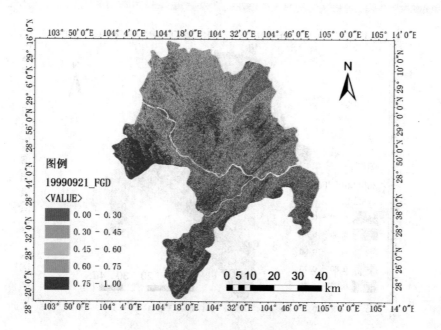

图5-4　1999年植被覆盖度专题图

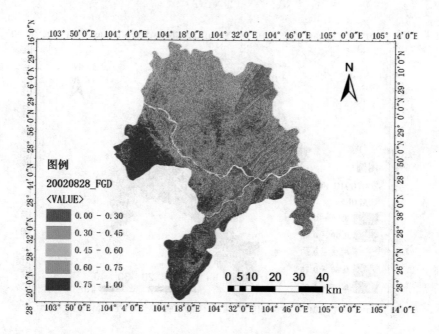

图5-5　2002年植被覆盖度专题图

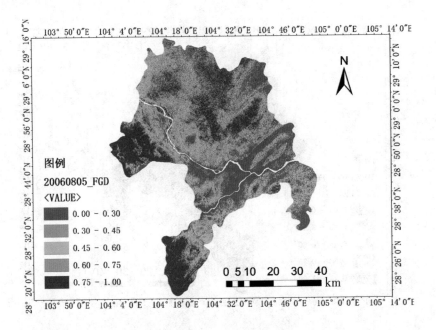

图5-6　2006年植被覆盖度专题图

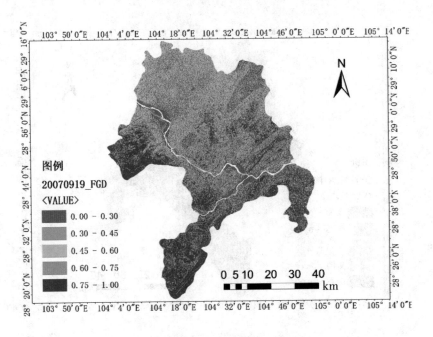

图5-7　2007年植被覆盖度专题图

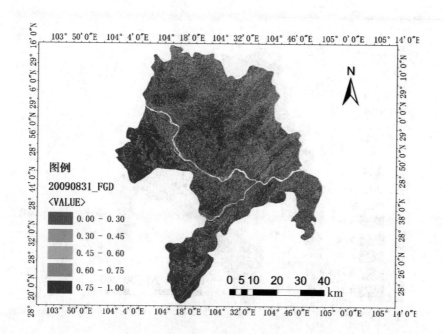

图5-8 2009年植被覆盖度专题图

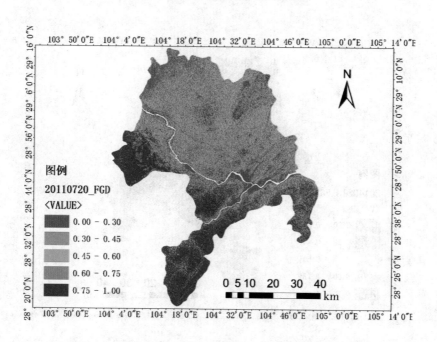

图5-9 2011年植被覆盖度专题图

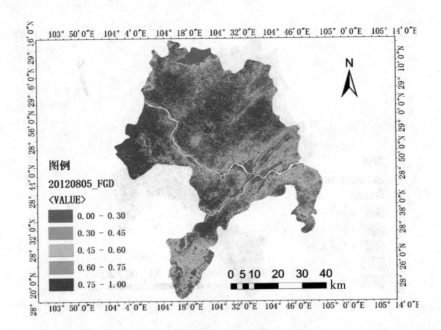

图5-10　2012年植被覆盖度专题图

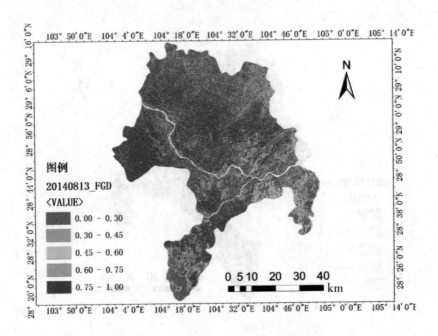

图5-11　2014年植被覆盖度专题图

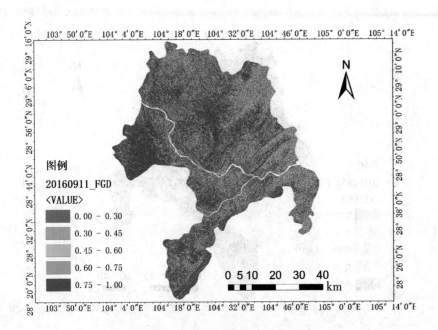

图5-12　2016年植被覆盖度专题图

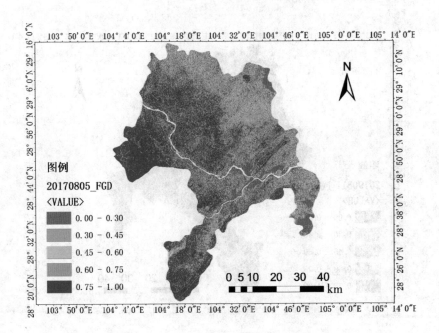

图5-13　2017年植被覆盖度专题图

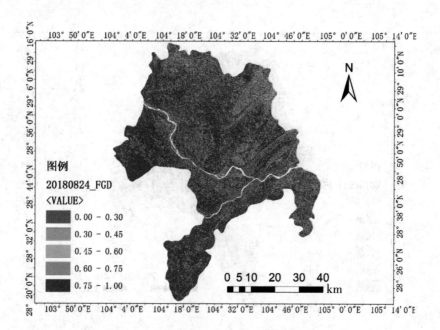

图5-14　2018年植被覆盖度专题图

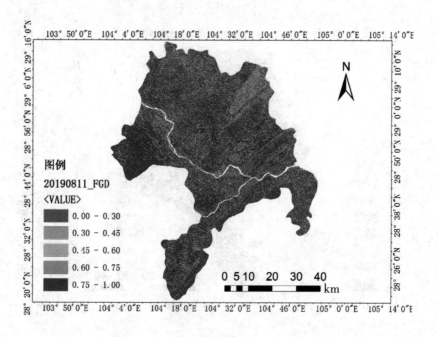

图5-15　2019年植被覆盖度专题图

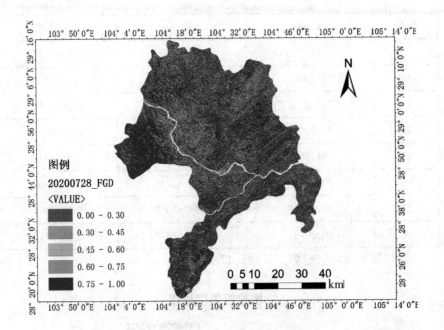

图5-16 2020年植被覆盖度专题图

5.2.2 植被覆盖度变化趋势计算

5.2.2.1 植被覆盖度总体变化趋势计算

统计1991—2020年16期植被覆盖度特征，如表5-2所示。

表5-2 1991—2020年16期植被覆盖度特征统计表

序号	日期	均值	标准差
1	19910830	0.57486622	0.27405650
2	19920901	0.55508578	0.27441655
3	19930904	0.59054086	0.27689791
4	19990921	0.58517811	0.26785317
5	20020828	0.55764204	0.26530896
6	20060805	0.53645234	0.27047622
7	20070919	0.57415392	0.26369981
8	20090831	0.66348248	0.26847009

序号	日期	均值	标准差
9	20110720	0.56272667	0.25829237
10	20120805	0.66129650	0.24174450
11	20140813	0.69177800	0.26095129
12	20160911	0.64994124	0.26798399
13	20170805	0.62991001	0.25357230
14	20180824	0.69562231	0.26333092
15	20190811	0.70711697	0.26373843
16	20200728	0.71113626	0.26157154

绘制各年度均值趋势，如图5-17所示。

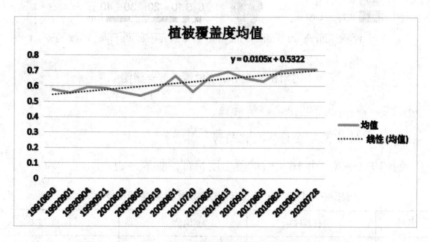

图5-17 1991—2020年植被覆盖度均值变化曲线

5.2.2.2 植被覆盖度地理变化趋势计算

结合公式（5-2）、公式（5-5），将1991—2020年中的16期植被覆盖度数据按年度先后次序进行叠置，形成基于时间序列的植被覆盖度数据，计算植被覆盖度地理变化趋势如图5-18、5-19、5-20所示。

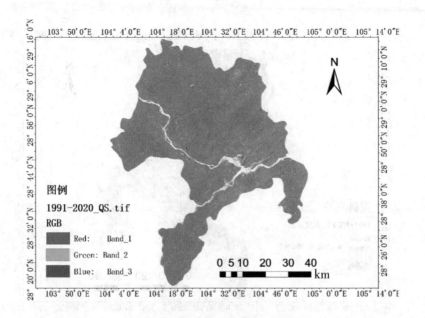

图5-18 1991—2020年植被覆盖度地理变化趋势图

其中，红色代表截距，绿色代表斜率，蓝色代表判定系数R^2。

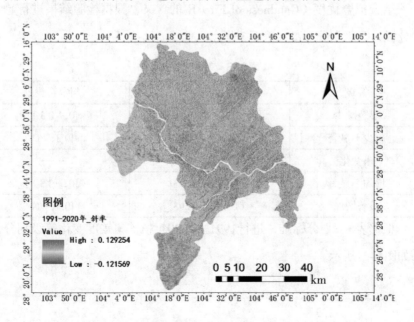

图5-19 斜率分布

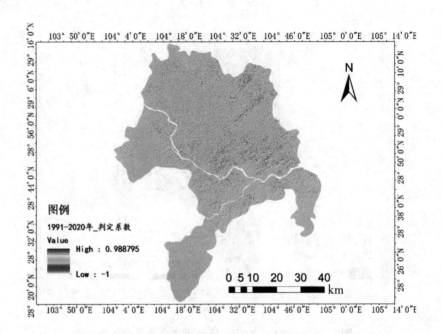

图5-20　判定系数R²

结合拟合优度（Goodness of Fit）R²的含义，根据检验结果进行趋势变化分级，等级划分标准如表5-3所示。

表5-3　等级划分标准

等级	斜率θ	判定系数R^2
显著减少	[-0.1220，-0.0001)	[0，0.3)
减少不显著	[-0.1220，-0.0001)	[0.3，1]
未变化	[-0.0001，0.00]	——
增加不显著	（0.00，0.1293]	[0，0.3)
显著增加	（0.00，0.1293]	[0.3，1]

根据表5-3划分标准，进行1991—2020年植被覆盖度变化等级划分，结果如图5-21所示。

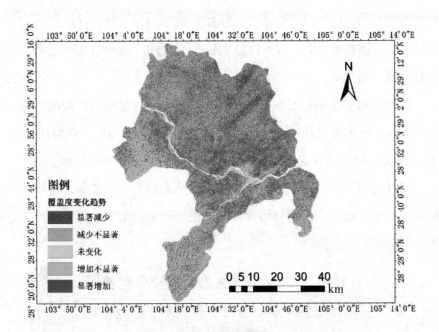

图5-21　1991-2020年植被覆盖度变化等级区划图

5.3　核心区生态环境质量变化趋势计算

依据图5-2中1991—2020年间16期植被变化趋势等级区划结果，制作各级植被变化情况像元占比统计表如表5-4所示。

表5-4　植被变化趋势情况统计表

序号	等级	像元数	面积（km^2）	百分比
1	显著减少	135832	122.25	2.97%
2	减少不显著	896984	807.29	19.64%
3	未变化	116742	105.07	2.56%
4	增加不显著	2058611	1852.75	45.08%
5	显著增加	1358566	1222.71	29.75%

通过表5-4可知：研究区中植被显著减少的区域仅为122.25km^2，占研究区面积比例为2.97%；减少不显著区域为807.29km^2，占比为19.64%，未变化

区域为105.07km²，占比2.56%；增加不显著区域最大，约为1852.75km²，显著增加区域面积也较大，约为1222.71km²，二者所占研究区面积百分比分别为45.08%、29.75%。

以植被覆盖度来衡量核心区生态环境质量，以植被覆盖度的变化趋势来代表核心区的生态环境变化趋势，将植被覆盖变化与生态环境质量变好\未变\变差对应，通过上述分析可得出结论：1991—2020年的30年间，研究区生态环境质量的总体趋势是少数区域呈变差趋势，而大部分区域呈变好趋势。基于上述结论，绘制研究区总体生态环境质量变化趋势对比图，如图5-22所示。

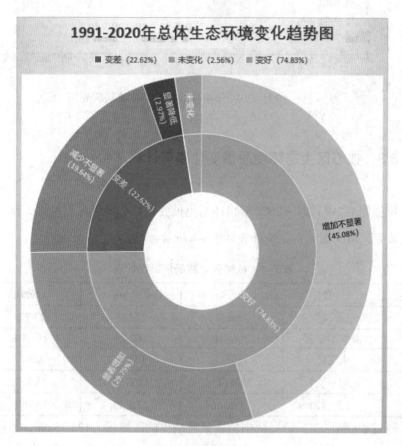

图5-22　总体生态环境变化趋势对比图

5.3.1　生态环境质量显著变好区域

以1991—2020年植被覆盖度变化等级区划图（图5-21）为基础，将植被覆盖显著增加区域标记为生态环境显著变好区域，以各区域的图斑（块状数据）中心点坐标为基准，生成点状数据图层，在ArcGis图层中生成反映生态环境显著变好的点密度数据，利用自然断点法进行五级的等级划分，如图5-23所示。

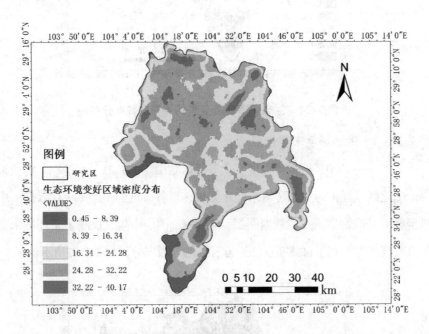

图5-23　生态环境显著变好的点密度数据分布图

5.3.2 生态环境质量显著变差区域

以1991—2020年植被覆盖度变化等级区划图（图5-21）为基础，将植被覆盖显著减少区域标记为生态环境显著变差区域，以各区域的图斑（块状数据）中心点坐标为基准，生成点状数据图层，在ArcGis图层中生成反映生态环境显著变差的点密度数据，利用自然断点法进行五级的等级划分，如图5-24所示。

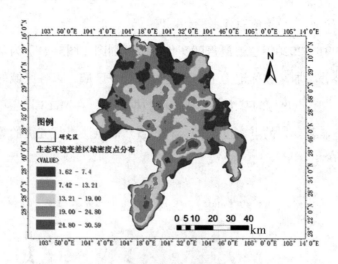

图5-24　生态环境显著变差的点密度数据分布图

5.3.3　生态环境未变化区域

以1991—2020年植被覆盖度变化等级区划图（图5-21）为基础，将植被覆盖未变化区域标记为生态环境未变化区域，以各区域的图斑（块状数据）中心点坐标为基准，生成点状数据图层，在ArcGis图层中生成反映生态环境未变化的点密度数据，利用自然断点法进行五级的等级划分，如图5-25所示。

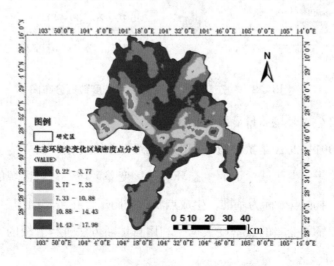

图5-25　生态环境未变化的点密度数据分布图

5.4　核心区生态环境质量变化趋势分析

将图5-23、5-24、5-25中密度最高区域分别提取并叠加水系、城镇点数据，形成研究区生态环境变好、未变化、变差重点关注区域，如图5-26所示。

从图5-26中可以看出，生态环境变好区域主要分布在研究区北部，未变化区域主要分布在研究区中部沿江区域，而生态环境变差区域主要分布在研究区南部及城市近郊。

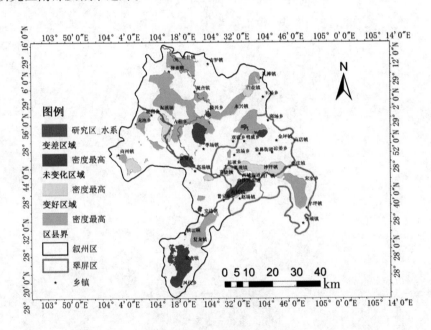

图5-26　生态环境未变化的点密度数据分布图

5.5　本章小结

本章在第四章研究的基础上，利用植被覆盖度计算模型表征核心区的生态环境质量，利用1991—2020年30年间16期Landsat卫星影像数据反演研究区植被覆盖度序列数据，以植被覆盖度为因变量、年为自变量，建立一元线性方程，利用一元线性方程的斜率反映植被覆盖度的变化趋势和快慢程度，最终实现了五粮液核心区生态环境变化趋势分析。研究结果表明：生态环境变好区域主要分布在研究区北部，未变化区域主要分布在研究区中部沿江区域，而生态环境变差区域主要分布在研究区南部及城市近郊。

第六章　结　论

本书从酒粮与生态环境的关系入手，研究了与酒粮密切相关的地表水资源、城市建筑、植被等五粮液核心区主要地表因子特征，基于遥感指数进行了核心区生态环境质量评价，利用植被覆盖度模型实现了自1991年至2020年近30年间的五粮液核心区生态环境质量变迁规律分析，得出的主要结论如下。

6.1　酒粮与生态环境研究结论

基于MaxEnt模型对宜宾糯红高粱、小麦、玉米、水稻等酒粮进行适生评估，得出的主要结论如下：

（1）四川省以东的中国区域，一万多年前不适宜小麦的生长；我国中部和东部地区随着全球变暖和其他气候变化的原因，小麦适生区显著扩大，从中部向东蔓延至沿海地区，北部和南部也显著扩张；当前，小麦的适生区主要分布在我国四川省的中部东部、贵州省、重庆市、山西、北京市、河北、山东、河南、安徽、江苏、湖北、湖南等省市；到2050年左右，小麦适生范围整体变化不大，但一定区域内适生等级显著升高，高适生区域的面积显著增大。玉米、水稻的适生情况与小麦类似，自中全新世至今的分布区域变化较大，当前至2050年左右，小麦、玉米、水稻适生分布变化迅速。

（2）自1万多年以前至今，前述几种酒粮的适生区范围在成倍扩增，高适生区的面积迅速增大，适生区范围几乎填满我国的中东部地区，大范围向北向南扩充，高适生区面积显著增加。

（3）温度和湿度对于高粱、小麦、玉米、水稻等酒粮的生长产生的影响至关重要，酒粮对于温度和湿度极其敏感。

6.2 五粮液核心区地表因子特征分析结论

利用1988—2020年近三十多年的Landsat5、Landsat7、Landsat8数据，生成NDVI、NDBI、MNDWI、SI四种遥感指数图层，构建决策树模型，最终实现五粮液核心区1988—2020年历年的水体、建筑、裸地、森林、农田、草地等地表因子提取，分析历年的遥感数据特征，得出如下结论：

（1）地表水体特征：在将近30年内，地表覆盖变化相对较大，导致提取的水体数据量、总长度变化较大，但是，水体面积变化很小。其中，水体面积密度显著增加，区域面积占比为22.06%，显著减少区域占比最小，为6.69%。研究表明：显著减少区域主要分布在研究区的三江汇合区域沿岸，为城市发达区域；显著增加区域主要位于研究区中的河湾冲积区域。

（2）建筑分布特征：五粮液核心区城市发展迅速，城市建筑面积密度逐渐增高，且呈现多中心并发增长的趋势，形成了3个以上的中心区域。

（3）地表植被类型特征：植被总面积整体呈现持续增加趋势，但是整体增长幅度较小，最高不超过1.3%；在农田、森林、草地三种类型植被的相对面积变化较大，其中，草地整体减少幅度较大，从42.80%持续减少到4.22%，森林面积有所增加，但增长幅度不大，农田面积增加最为显著。

6.3 五粮液核心区生态环境质量评价及趋势分析结论

首先选取研究区归一化植被指数（NDVI）、湿度指数（WET）、陆地温度指数（LST）、建筑-裸土指数（NDBSI）四个遥感监测指数，以2002

年、2009年、2011年、2019年四期卫星影像数据提取相应的监测指标，利用RSEI指数模型、植被覆盖度指数模型构建生态环境质量监测模型，以宏观视角分析五粮液核心区植被、水、土壤、温度等分布特征，并进行研究区生态环境质量等级区划，研究结果表明：研究区内的生态环境质量在2002—2019年间呈现增—减—增的趋势，最终的生态环境质量呈上升趋势。

其次，用标准差来比较RSEI模型与植被覆盖度的计算数据的偏离度，研究表明植被覆盖度的计算结果更加可靠，选取基于植被覆盖度指数构建研究区的生态环境质量评价模型更合适。

最后，利用植被覆盖度计算模型表征核心区的生态环境质量，利用1991—2020年30年间16期Landsat卫星影像数据反演研究区植被覆盖度序列数据，以植被覆盖度为因变量、年为自变量，建立一元线性方程，利用一元线性方程的斜率反映植被覆盖度的变化趋势和快慢程度，最终实现了五粮液核心区生态环境变化趋势分析，研究结果表明：生态环境变好区域主要分布在研究区北部，未变化区域主要分布在研究区中部沿江区域，而生态环境变差区域主要分布在研究区南部及城市近郊。

6.4 五粮液核心区生态环境对白酒的影响分析

综合上述结论，进一步分析可知：

（1）五粮液核心区酿造白酒所需酒粮，例如糯红高粱、小麦、糯稻、水稻、玉米等，在我国大部分地区都能够正常生长，这为该区域的白酒酿造提供了充足的酿造资源；

（2）五粮液核心区水资源丰富，而且近30年来水资源面积变化较小，而且宜宾处于三江汇合区域，流水不腐，为该区域白酒酿造提供了丰富的新鲜"血液"；

（3）近30年来，五粮液核心区生态环境质量总体持续变好，为该区域白酒酿造提供了良好的外部条件；五粮液核心区近30年来城市发展快速，经济总量持续增长，但是在城市中及城市周围存在大量的植被来维持该区域的生态环境，借助三江（长江、岷江、金沙江）汇合区强大的环境调节能力，城市所处区域的生态环境整体呈现未变化趋势（见图6-1），这一优势条件将保障五粮液核心区白酒酿造品质优势。

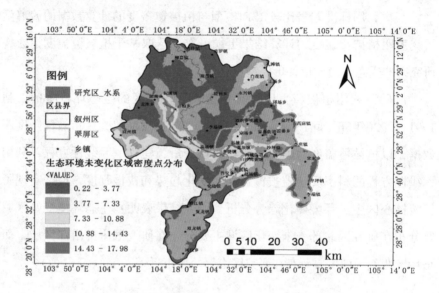

图6-1 叠加行政区的生态环境未变化区域密度分布

参考文献

［1］高吉喜，赵少华，侯鹏. 中国生态环境遥感四十年［J］. 地球信息科学学报，2020，22（4）：705-719.

［2］黄飞，孙佑佳，郭宗锋，贺亮，周明罗，凌超发. 三江水系（宜宾段）水质主要污染负荷分析［J］. 宜宾学院学报，2008，8（12）：66-69.

［3］高国林. 长江干流宜宾段植被覆盖变化遥感分析［D］. 四川师范大学，2013.

［4］吴强建中. 宜宾市植被覆盖度变化研究［J］. 安徽农学通报，2018，24（17）：93-95+141. DOI：10. 16377/j.cnki.issn1007-7731.2018. 17.043.

［5］刘晖，唐伟，王德富. 利用地理国情普查数据开展生态环境质量评价——以宜宾市为例［J］. 环境与可持续发展，2017，42（06）：71-74. DOI：10.19758/j.cnki.issn1673-288x.2017.06.016.

［6］陶帅，邝婷婷，彭文甫，王广杰. 2000—2015年长江上游NDVI时空变化及驱动力——以宜宾市为例［J］. 生态学报，2020，40（14）：5029-5043.

附件一　研究区地表因子提取专题数据集

序号	数据采集日期	数据类型	数据质量（含云量，%）
1	1988–06–02	Landsat 5	5.00
2	1992–09–01	Landsat 5	0.00
3	1993–09–04	Landsat 5	6.00
4	1999–09–21	Landsat 5	18.00
5	2002–08–28	Landsat 5	6.00
6	2007–09–19	Landsat 7	2.00
7	2009–08–31	Landsat 5	5.00
8	2011–07–20	Landsat 5	6.00
9	2017–08–05	Landsat 8	17.66
10	2018–08–24	Landsat 8	15.32
11	2019–08–11	Landsat 8	0.05
12	2020–07–28	Landsat 8	15.09

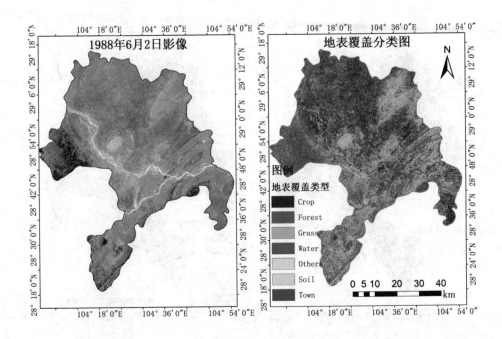

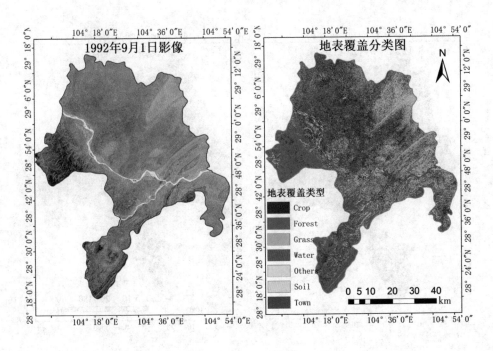

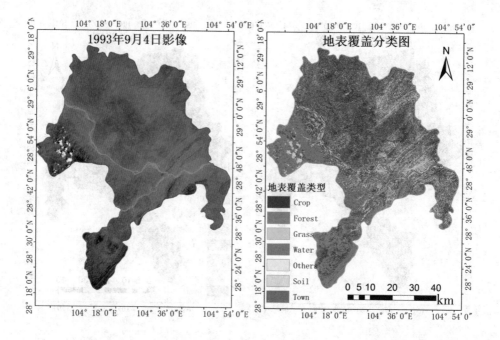

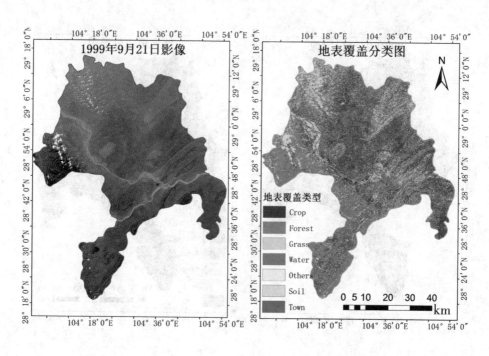

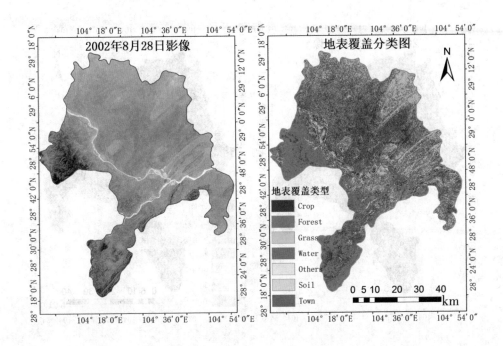

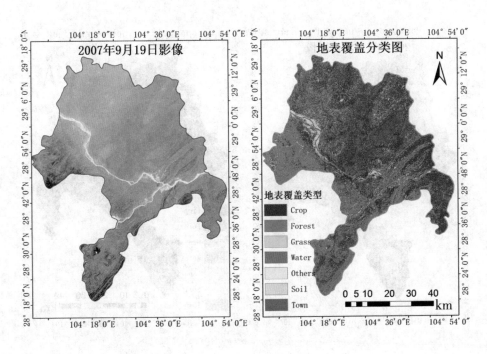

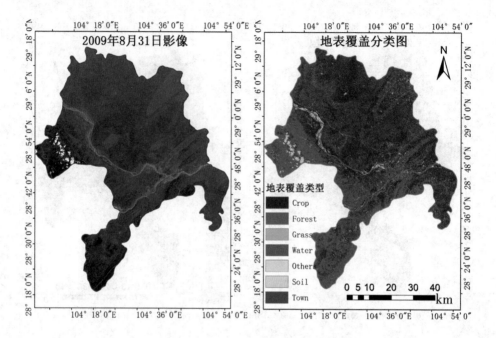

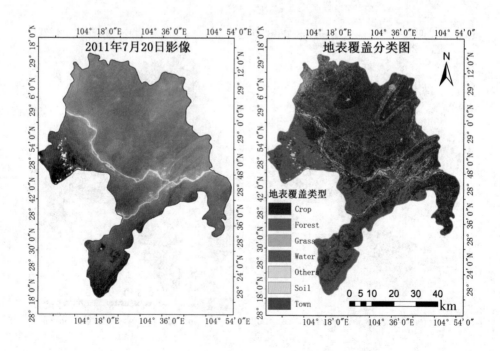

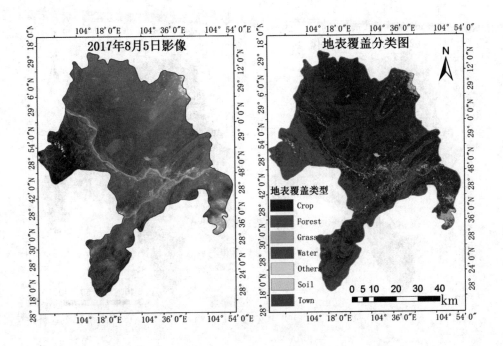

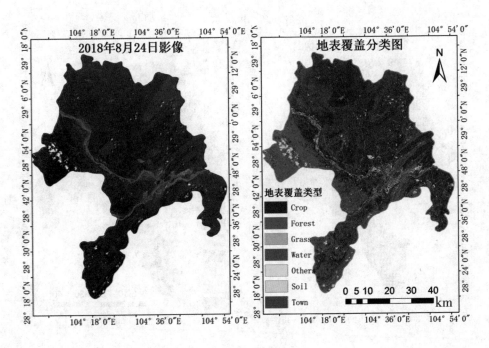

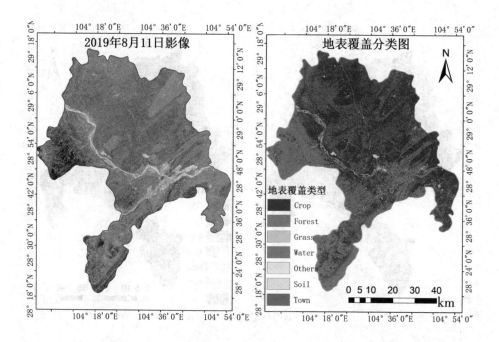

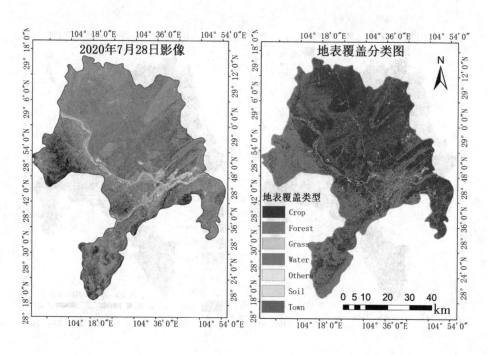

附件二　水体信息专题数据集

序号	数据采集日期	水体面积（km^2）	水体周长（km）
1	1988-06-02	58.491319	1164.215099
2	1992-09-01	67.50499	1282.233212
3	1993-09-04	64.52873	1156.849306
4	1999-09-21	74.853869	1634.218784
5	2002-08-28	65.783541	1092.642838
6	2007-09-19	69.477907	1015.481179
7	2009-08-31	67.784189	1147.500374
8	2011-07-20	65.977139	1057.967157
9	2017-08-05	65.778363	1258.37929
10	2018-08-24	76.782105	1598.937789
11	2019-08-11	69.891994	1331.377303
12	2020-07-28	76.387401	1373.978834

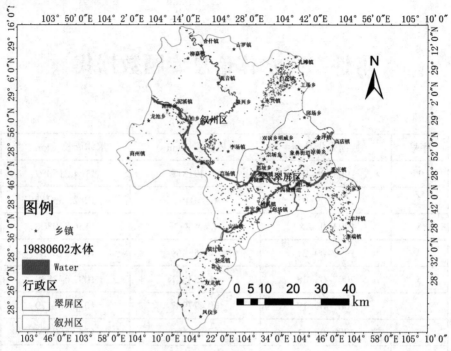

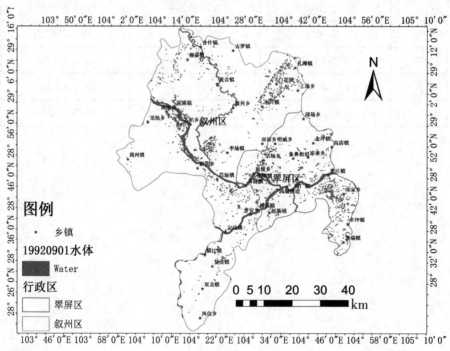

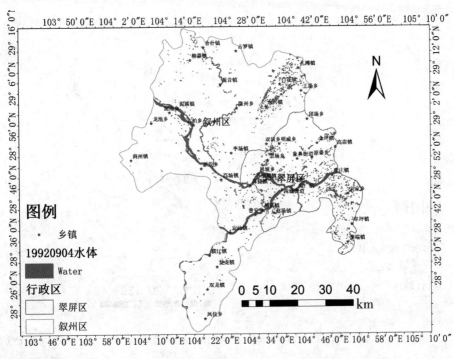

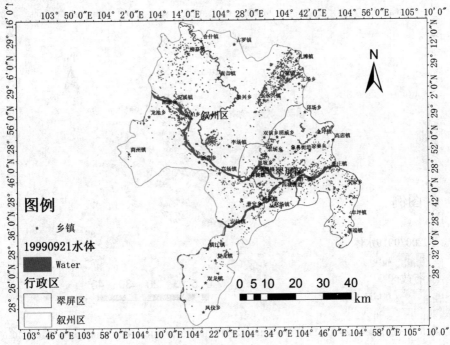

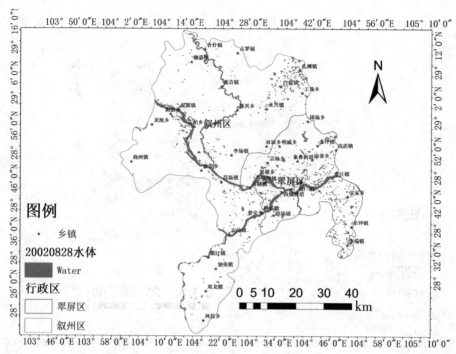

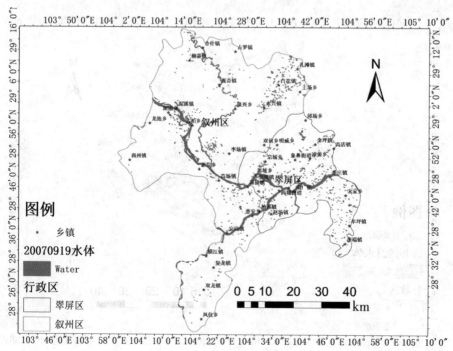

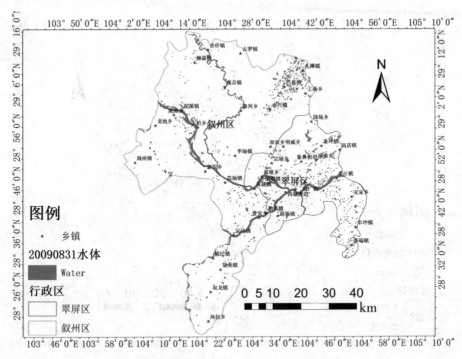

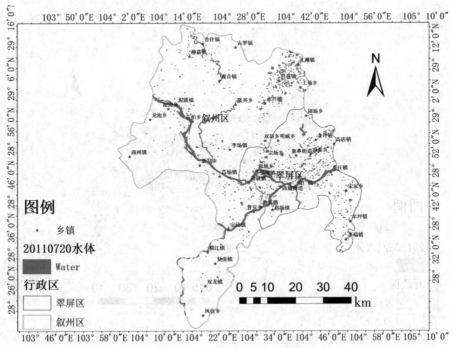

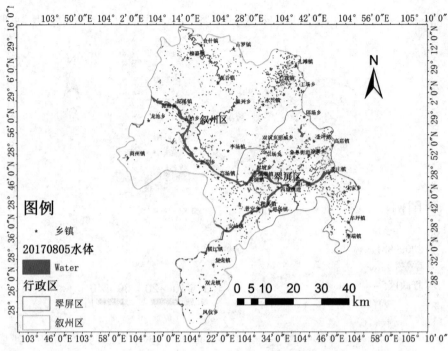

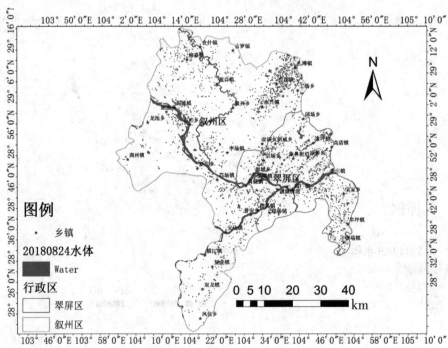

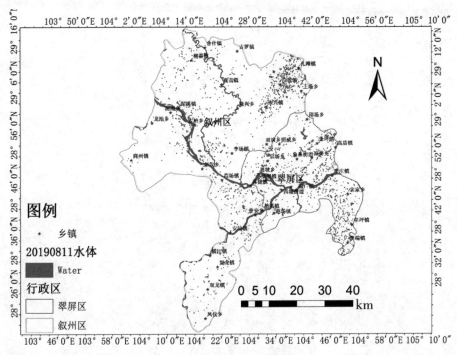

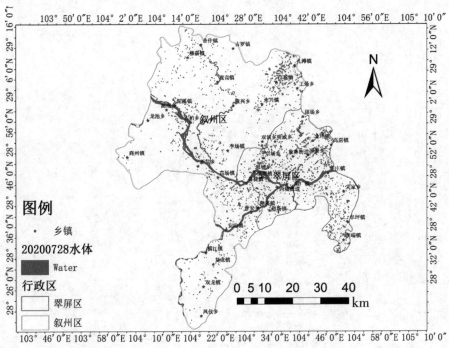